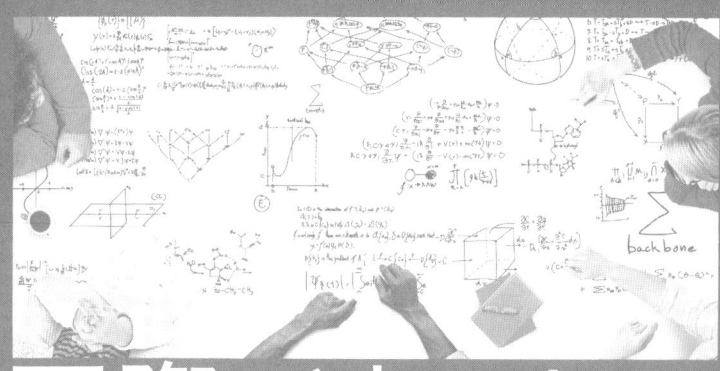

国際バカロレアの数学

Mathematics of International Baccalaureate

世界標準の高校数学とは

馬場博史
Baba Hiroshi

松柏社
Shohakusha

謝辞　Acknowledgement

◆ IBID 出版の御厚意により，*Mathematics Higher Level*（*Core*）の多くを翻訳させていただきました．

　We wish to thank IBID Press, Australia for granting us permission to translate many sentences from ch. 1 and to reprint questions from ch. 7 in their *Mathematics Higher Level* (*Core*).

◆ IB Math Workshop（Cat 1）の講師 Jennifer Wathall さんに，研修内容の掲載を承諾していただきました．

◆ 国際バカロレア数学を日本で広く紹介・普及するために，IB 出版物の一部を引用させていただきました．

以上，深く感謝申し上げます．

はじめに

「国際バカロレア（International Baccalaureate＝IB）」とはいったい何でしょうか．それは幼小中高の教育課程（Curriculum）の世界共通版とも言えるものです．国際バカロレアの教育課程は世界中に普及しつつあり，実施している学校のある国はすでに147を数え（2014年12月現在），多くの大学で入学資格として認められています．日本でも国際バカロレアの教育課程を実施する学校が増加しつつあります．

文部科学省（文科省）は，2011年（平成23年）6月22日「グローバル人材育成推進会議中間まとめ」の中の「グローバル人材の育成及び活用」において，まず「グローバル人材」を以下の要素のある者と定義しています．
　Ⅰ：語学力・コミュニケーション能力
　Ⅱ：主体性・積極性，チャレンジ精神，協調性・柔軟性，責任感・使命感
　Ⅲ：異文化に対する理解と日本人としてのアイデンティティー
さらに，「このほか，幅広い教養と深い専門性，課題発見・解決能力，チームワークと（異質な者の集団をまとめる）リーダーシップ，公共性・倫理観，メディア・リテラシー等」のある者をつけ加えています．
具体的には，グローバル人材の能力水準の目安を（初歩から上級まで）次の5つの段階に示しています．
　① 海外旅行会話レベル
　② 日常生活会話レベル
　③ 業務上の文書・会話レベル

④　二者間折衝・交渉レベル

⑤　多数者間折衝・交渉レベル

この中で,「①②③レベルのグローバル人材の裾野の拡大については着実に進捗している. 今後は更に, ④⑤レベルの人材が継続的に育成され, 一定数の『人材層』として確保されることが極めて重要.」だとしています. また,「特に大学入試と企業採用について, 従来の発想及び制度から大きく脱却することが喫緊の課題」であるとも述べています. そのための施策として, 初等中等教育（英語・コミュニケーション能力, 高校留学, 教員の資質・能力等）において, 次の3つをあげています.

A. 18歳頃の時点までに1年間以上の留学ないし在外経験を有する者を3万人規模に増加（留学しても3年間での高校卒業が可能である旨を周知徹底）.

B. <u>高校卒業時に国際バカロレア資格を取得可能な, 又はそれに準じた教育を行う学校を5年以内に200校程度へ増加.</u>

C. 英語担当教員採用で, TOEFL・TOEICの成績等を考慮. また, 外国人教員の採用を促進.

翌2012年を迎えて, 以下のような新聞報道がありました. 今後, 日本でも国際バカロレア資格の取得を目指す学校が大幅に増加するものと思われます.

▼海外大入学めざせ, 200高校に留学支援課程

　文部科学省は, 米ハーバード大など難関校を含む世界の大学が採用する共通の大学入学資格取得に必要な教育課程「国際バカロレア（IB）」の国内認定校の拡大を目指すことを決めた.

　今後5年間で, 認定校と, 新たにIBに準じた教育を行う高校を計200校にする計画で, 海外で学ぶ日本人学生を増やし, グローバ

ル化に対応する人材を育成する狙いがある．

　日本の高校から海外の大学に入学するためには，一般に国ごとに異なる統一試験などを受ける必要があるが，IBを修了したうえで世界共通の大学入学資格試験にパスすれば，約2000大学の選考を受けられる．同省によると，IB認定校は世界に約140ヵ国3300校あり，2010年度で計約4万2000人が共通試験に合格している．アジアでは特に中国が認定校を増やしている．

　国の「グローバル人材育成推進会議」は2011年6月，留学生を増やし，日本の学生の語学力やコミュニケーション能力を伸ばすためにＩＢ認定校を増やすことを提言．政府は2011年8月に閣議決定した「成長戦略実行計画」にIB認定校拡大を盛り込んだ．

（2012年3月19日付読売新聞）

▼日本語で国際バカロレア資格　海外大学への留学促進狙う

　米ハーバード大など海外の有力大学が採用する大学入学資格「国際バカロレア資格」を得られる授業や試験が日本語でできる見通しになったことが19日，分かった．実施する国際バカロレア機構（スイス）と文部科学省が調整を進めている．文科省によると，国際バカロレア資格が得られる高校の認定校は日本に5校だけで，英語での授業が中心．同省は日本語の授業が認められれば認定校が増え，海外留学が促進できると期待している．

　国際バカロレアのプログラムは外国語や数学，芸術などの科目で構成．知識だけでなく，論理的思考や討論の力も重視される．修了時に世界共通の試験があり，合格すれば各大学の選考を受けられる．

　海外では英語，フランス語，スペイン語のほか，一部の科目をドイツ語と中国語で実施．75ヵ国の約2500大学が入学資格として採

用している．日本語は数科目に限定される見込み．

(2012年6月19日付産経新聞)

このように文科省は，国際的に通用する人材育成のため，日本人の海外大学への進学を進めていくことを国の重要施策と位置付けました。そのために、インターナショナルスクールを中心に多くの国・地域の学校で採用されている国際バカロレアの教育課程を、日本でも積極的に導入しようとしています．

国際バカロレアは，幼稚園から高等学校までの教育課程を提供しています．高等学校最後の2年間で実施されるディプロマ・プログラム (Diploma Programme = DP) は，

　　　　課題論文
　　　　知識の理論
　　　　創造性／活動／奉仕
という3つの必修要件 (Core Requirements) と，
　　　　言語と文学
　　　　言語習得
　　　　個人と社会
　　　　理科
　　　　数学
　　　　芸術（または他の5教科からもう1つ選択）
という6つの教科 (Subject Group) で成り立っており，英語，フランス語，スペイン語のいずれかが公用語となっていました．

数学は他教科と比べて覚えることが少なく，数式は一部の表記を除き万国共通ですから，他の言語でも比較的学習しやすい教科といえます．実際，海外からの帰国生から渡航当時の苦労話を聞くと，「最初

はことばがわからなくて困った.」でも数学は式を見たらすぐに内容が理解できた.」という声をよく耳にしてきました.世界中で広まりつつあるという国際バカロレアの教育課程で,数学はどんな内容を学習しているのでしょうか.

関西学院千里国際キャンパスには次の2つの学校が同一敷地校舎内に共存しています.
●関西学院大阪インターナショナルスクール
　Osaka International School of Kwansei Gakuin = OIS
　…幼稚園から高3までの主に外国人を受け入れる国際バカロレア認定校
●関西学院千里国際中等部高等部
　Senri International School of Kwansei Gakuin = SIS
　…主に帰国生を多く受け入れる日本の「1条校」[1]

筆者はSISで一般の数学を教える一方,総合科目として「国際バカロレア数学抜粋」という授業を担当しています.このため,国際バカロレアの数学について細かく知る機会を持つことができました.ここでは主に日本の高校2〜3年に当たるディプロマ・プログラム（DP）での数学について,その特徴や日本の学習指導要領では扱われない内容を中心に,世界標準の高校数学とはどんなものかを紹介していきます.

中には日本の教科書で扱われないけれども知っていると日本の大学入試で有利になるような内容もありますので,日本の大学しか受験しない人や指導する先生方にも参考になることがあります.紹介する数

---

[1] 学校教育法第1条において『学校』とされている教育機関,すなわち日本の学習指導要領に沿って教育が行われる学校.

学の問題には，自然科学，社会科学に応用されているものが多数含まれていますので，社会や理科に興味のある人にも楽しんでいただけます．また，インターナショナルスクールでは英語で授業が行われており，もちろん教科書も英語ですから，同時に英語の学習にもなりますので，幅広い人たちに興味を持っていただけると思います．

今後日本でも大幅に増加していくであろう国際バカロレア認定校で，どのようにその教育課程を実践していくのか，また，認定校でなくても国際バカロレアの教育内容を，これからの日本の教育にどのように取り入れれば良いのか，そして，文科省の進める施策「国際バカロレア資格の認知度の向上や裾野の拡大を図る」ために，拙著が少しでも参考になれば嬉しく思います．

馬場博史

目　次

はじめに ……………………………………………………………………… i

第1章　国際バカロレア（IB）の概要
1.1　国際バカロレア（IB）………………………………………………… 2
1.2　ディプロマ・プログラム（DP）……………………………………… 6

第2章　IBDP 数学の概要
2.1　IBDP 数学の目標 ……………………………………………………… 10
2.2　IBDP 数学の科目と学習単元 ………………………………………… 11
2.3　グラフ電卓（GDC）の必要性 ……………………………………… 14
2.4　IBDP 数学の評価法 …………………………………………………… 16
2.5　IBDP 数学の教科書 …………………………………………………… 19

第3章　IBDP の必修要件と IBDP 数学
3.1　知識の理論（Theory of Knowledge = TOK）……………………… 22
3.2　課題論文（Extended Essay = EE）………………………………… 43

第4章　IBDP 数学の内容
4.1　表記法 …………………………………………………………………… 48
4.2　自然対数の底 e の導入 ……………………………………………… 49
4.3　指数関数のモデル化 …………………………………………………… 52
4.4　対数関数のモデル化 …………………………………………………… 76
4.5　三角関数のモデル化 …………………………………………………… 93
4.6　割三角関数と逆三角関数 ……………………………………………… 114

4.7	スカラー積とベクトル積	*122*
4.8	統計	*126*

第5章　IBDP 数学の試験と課題

5.1	筆記試験	*136*
5.2	課題	*143*

第6章　IBDP 数学の Workshop

6.1	日本で開催された Workshop	*154*
6.2	Workshop の内容	*157*

第7章　IBDP 数学の授業外の取組み

7.1	数学コンテスト Math Contest	*184*
7.2	数学コンペ Math Competition	*186*

おわりに ………………………………………………………………… *189*

付録1　日本の高等学校学習指導要領数学 ……………………………… *198*
付録2　IBDP Math Textbook の学習単元 ……………………………… *200*

第 1 章

国際バカロレア (IB) の概要

IB Art Works

1.1 国際バカロレア (IB)

「国際バカロレア (International Baccalaureate = IB)」は，1968年にスイスのジュネーブで発足したスイス民法典に基づく非営利教育財団で，もともとはインターナショナルスクールの生徒に，国際的に通用する高等学校までの教育を提供し，世界中の大学への入学資格を与えることを目的として設立されました．

国際バカロレアは，次の4つのプログラムを提供しており，これらはグローバル化する世界において必要な知識や技能を身につけていくためのものであると述べています．

【IB Programmes】
- Primary Years Programme = PYP（1997年より）
  3歳から12歳対象，日本では幼稚園〜小5に相当
- Middle Years Programme = MYP（1994年より）
  11歳から16歳対象，日本では小6〜高1に相当
- Diploma Programme = DP（1968年より）
  16歳から19歳対象，日本では高2〜高3に相当
  3つのCoreと6教科で構成，国際バカロレア資格取得プログラム
- IB Career-related Certificate = IBCC（2012年より）
  16歳から19歳対象，4つのCoreとDPの2教科以上で構成

DPを受けるのに，PYP，MYPを修了している必要はありません．高1までを他の教育課程で終えて，DPだけを受けることができます．ただし，当然のことですが，その授業を受けるための基礎学力と言語力がなければいけません．DPを終えて統一試験 (IBDP Examination) に合格し

第1章　国際バカロレア（IB）の概要

た生徒には，国際バカロレア資格（IB Diploma）が授与されます．この資格は世界各国において正当な大学入学資格として認められています．

日本では1979年に文部科学省より正式に認められ，国公私立を問わずほとんどの大学で入学資格・合否判定資料として採用されていますが，「外国において修了した者」という条件つきの場合もあります．

これら3つの教育課程のいずれかの認定校は年々増加の一途をたどり，2014年12月現在，147か国の3968の学校で120万人を越える生徒がこの教育課程で学んでいます．日本では16校（2013年1月現在）がIBDP認定校となっていますが，その多くは外国人生徒対象のインターナショナルスクールなので普通の日本人は入りにくく，または入れたとしても「各種学校」にあたるので日本の高校卒業資格は得られません．また，授業料が日本の普通の私学に比べてはるかに高額です．

最近，日本の「1条校」で，IBDP認定校になった，あるいは認定校になることを目指している学校が出てきました．それらの学校は日本の高校卒業資格と国際バカロレア資格を同時に取得できることを謳い文句にしています．文科省の後押しで，このような学校が今後大幅に増加することが予想されます．

2つの資格を同時に取得できるのは魅力的ですが，IBDPの公式教育言語は英語，フランス語，スペイン語の3つしかなかったので，そのうちのひとつ（多くの場合日本では英語）で，すべての授業・試験を実施しなければならないという大きな壁があります．実際，このような学校では一部の生徒だけが対象の特別なコースとして設定されているようです．

文科省の「1条校が国際バカロレア認定校になるに当たっての留意事項」には次のように書かれてあります．

▼学校教育法第1条で規定されている学校が国際バカロレアの認定

校になるためには、学校教育法等関係法令と国際バカロレア機構の定める教育課程の双方を満たす必要がある。各学校においては、学習指導要領が定める各教科等の目標、内容と国際バカロレアのカリキュラムの内容を比較し、国際バカロレアのカリキュラムに学習指導要領が定める内容を補うなどして、両方の内容を適切に取り扱えるよう、教育課程を工夫して編成・実施することが求められる。

例えば、MYP認定校においては、学習指導要領に基づく教科等を前提に、教科間連携を重視し、実際の社会とのつながりを意識できるよう指導方法を工夫している例がある。また、DP認定校である高等学校においては、1年次に必履修科目の大半を履修し、2年次以降、学校設定科目として国際バカロレアのカリキュラムに対応した科目を設定して履修するような工夫をしている例がある。

MYPは、日本語で授業を行うことも可能であるが、DPは英語、フランス語、スペイン語のいずれかの言語で授業を行うことが求められる。DPへの接続といった観点から、中学校、高等学校等において一部の教科等の授業を英語で実施することも考えられる。一方、我が国の学習指導要領は、日本語で授業を実施することを前提としているため、学習指導要領が定める各教科・科目等の授業を日本語以外の言語で実施する際には、教育課程上様々な配慮が必要となる。このため、学習指導要領が定める教科・科目等の授業を英語をはじめとする日本語以外の言語で実施する場合、学習指導要領等の教育課程の基準によらない特別の教育課程の編成・実施を可能とする「教育課程特例校制度」に申請し、「教育課程特例校」として文部科学大臣の指定を受けることが必要となる。

(文科省ウェブページより)

第1章　国際バカロレア（IB）の概要

【IB World Schools in Japan】
日本のIBDP認定校（2014年12月現在，アルファベット順）

 AICJ Junior & Senior High School（Hiroshima）

 Canadian Academy（Kobe）

 Doshisha International School, Kyoto（Kyoto）

 Fukuoka International School（Fukuoka）

 Gunma Kokusai Academy（Gunma）

 Hiroshima International School（Hiroshima）

 Horizon Japan International School（Hiroshima）

 India International School in Japan（Tokyo）

 K. International School Tokyo（Tokyo）

 Katoh Gakuen Gyoshu Junior and Senior High School（Shizuoka）

 Linden Hall High School（Fukuoka）

 Nagoya International School（Nagoya）

 Osaka International School of Kwansei Gakuin（Osaka）

 Ritsumeikan Uji Junior and Senior High School（Kyoto）

 Seisen International School（Tokyo）

 St. Mary's International School（Tokyo）

 St. Maur International School（Yokohama, Kanagawa）

 Tamagawa Academy K-12（Tokyo）

 Yokohama International School（Yokohama, Kanagawa）

　このうち，PYP，MYP，DPすべてのプログラムを提供しているのは次の4校です．（2014年12月現在）

 カナディアンアカデミー

 Kインターナショナルスクール東京

 関西学院大阪インターナショナルスクール

横浜インターナショナルスクール
また国際バカロレア資格を取得できる「1条校」は次の6校です．
（2014年12月現在）
　　　AICJ中学・高等学校
　　　ぐんま国際アカデミー
　　　加藤学園暁秀高等学校・中学校
　　　立命館宇治中学校・高等学校
　　　玉川学園K-12
　　　リンデンホールスクール中高等部
　日本で初めて「1条校」でIBDP認定校となった加藤学園暁秀中学校・高等学校は，1998年に国語以外の授業を全て英語で行うバイリンガルコースを開始し，MYP，DPを提供しています．なお，2013年より関西学院千里国際中等部高等部でも，併設の関西学院大阪インターナショナルスクールとの合同授業でIBDPを取得できるようになっています．

1.2　ディプロマ・プログラム（DP）

　PYP，MYPに続き，高等学校最後の2年間で実施されるDPは，知識の習得だけでなく，大学入学後のことも考慮され，以下の通り構成されています．

【Core Requirements】必修要件
・Extended Essay（EE）課題論文
　後述の6教科から1つを選び，自分で研究したテーマについて4000語（日本語なら8000文字）以下の論文に仕上げます．これは大学で

第1章　国際バカロレア（IB）の概要

論文を書くための準備にもなります．

・Theory of Knowledge（TOK）知識の理論

　学問分野によって異なる発想を持つことを探究する学際的な科目です．同時に6教科を学習するので，例えば，ある問題解決法を歴史家のものと科学者や芸術家のものと比較してみるなどの方法があります．

・Creativity, Action, Service（CAS）創造性／活動／奉仕

　学校や地域での創造活動，スポーツ活動，奉仕活動などで，2年間に少なくとも150時間参加します．例えばクラブ活動，生徒会活動などもこれに含まれます．

　CASは参加時間数をこなせばいいので評価の対象にはなりませんが，EEとTOKはそれぞれ高い方からABCDEで評価され，AAまたはABで3点，ACまたはADまたはBBで2点，AEまたはBCまたはBDまたはCCで1点が与えられます．

【Subject Group】教科

　Group 1 : Studies in Language and Literature　言語と文学
　Group 2 : Language Acquisition　言語習得
　Group 3 : Individuals and Societies　個人と社会
　Group 4 : Experimental Sciences　理科
　Group 5 : Mathematics and Computer Science　数学
　Group 6 : The Arts　芸術または選択科目

　これら6教科のうち3〜4教科からはHigher Level＝HL（授業数240時間）の科目を，残りの教科からはStandard Level＝SL（同150時間）の科目を選択します．ただし，Group 6は他教科の科目を選択することができます．

　第一言語・第二言語以外の教科は，英語，フランス語，スペイン語

が公式教育言語として定められています．公式教育言語がこの3ヵ国語だけであっため，それ以外の言語を主とする国での普及は難しい状況が続いていました．

全課程の学習を終えると，統一試験（IBDP Examination）を受験します．6教科がそれぞれ7点満点，課題論文と知識の理論で3点満点，合計45点満点となっており，各教科4点以上で合計24点以上獲得すれば，国際バカロレア資格（IB Diploma）が授与されます．また，科目ごとに修了証が与えられます．試験は5月と11月に実施されますが，90％以上は5月に受験しています．

文科省の「国際バカロレア資格の取得状況」によると，2006年には約3万5千人だった受験者が，2013年には約6万8千人に増加しています．うち日本人の受験者は，340人から633人へと増加していますが，全体の0.8％から1％に留まっています．ただ合格して国際バカロレア資格を取得した者の割合は全体で約80％であるのに対して，日本人の合格率は約90％となっています．

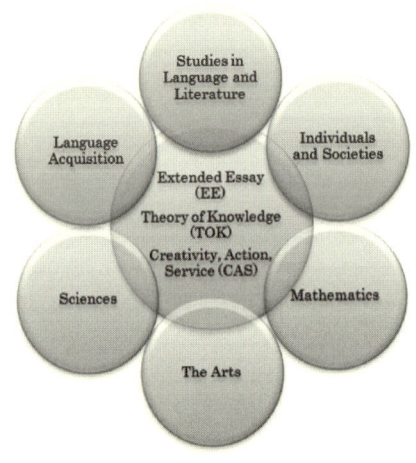

Core Requirements と Subject Group

第2章

IBDP 数学の概要

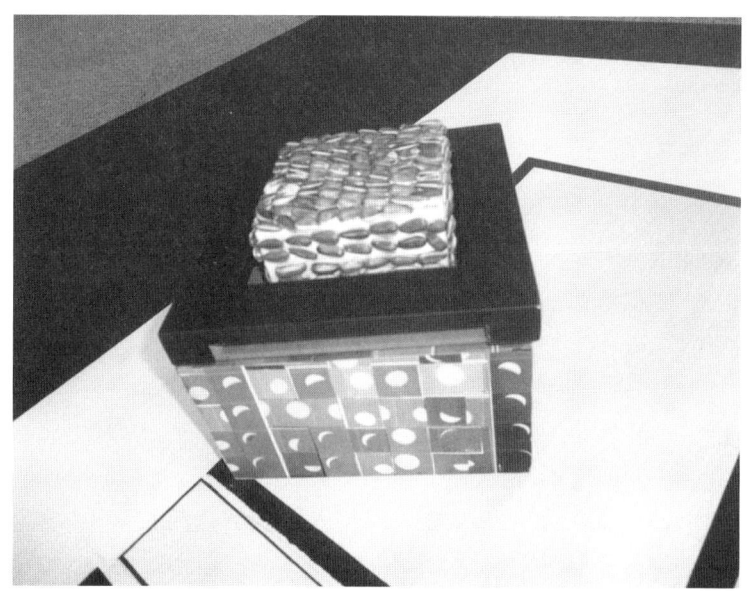

IB Art Works

2.1 IBDP 数学の目標

IBDP 数学の目標として次の3つがあげられています．

【IBDP 数学の目標】
・数学の知識・概念・原理を理解する
・論理的，批判的，創造性のある考え方を育てる
・抽象化，一般化する力を身につけ，向上させる

IBDP 数学の目標としてまず上の3つがあげられていますが，これらは一般に数学を学ぶ上でもいえることです．この後につけ加えて，

・数学の国際的側面，文化的・歴史的視点での多様性を理解する

こともあげられていますが，こちらの方が IB 特有のものという感じがします．

やはり，もともとはインターナショナルスクールのためにできたプログラムですから，数学も国際的な面を常に意識して学習すべきだということでしょう．異なる国や地域での数学発展の歴史や，世界共通の数や式の表現などがこれに当てはまるのではないかと思われます．

また，文化的・歴史的視点での多様性を理解するうえで，自然現象や社会現象のモデル化が重要な役割を果たしているように思います．後で述べますが，IB の教科書には日本のものと比較して，種々の現象を数式化して分析するという実例が多く見られます．そのような問題を考えることによって，他の学問分野も学習することができ，IB 全体に共通する重要な目標のひとつといえる学際的な探究にもつながっているといえるでしょう．

第 2 章　IBDP 数学の概要

2.2　IBDP 数学の科目と学習単元

IBDP 数学には次の4つの科目があります．

【IBDP 数学の科目】
- Mathematical Studies Standard Level 数学的学習・標準レベル
  （主に将来数学を使わない生徒対象）
- Mathematics Standard Level 数学・標準レベル
  （主に将来文系分野で数学を使う生徒対象）
- Mathematics Higher Level 数学・上級レベル
  （主に将来理系分野で数学を使う生徒対象）
- Further Mathematics Higher Level 発展数学・上級レベル[1]
  （主に将来数学を専攻または深く学習する生徒対象）

上から3つまでのうち1つを必ず選択します．最後のFurther Mathematics HL は，Mathematics HL を学習した上での選択科目となっています．

選択者数の割合はどうなのでしょうか．参考までに，関西学院大阪インターナショナルスクールでの2009-2011年度における各科目選択者数の割合は，約3割が Mathematical Studies Standard Level，約5割が Mathematics Standard Level，約2割が Mathematics Higher Level でした．

【Mathematical Studies Standard Level】（2012年改訂）

基本事項の修得と，実生活への活用に重点を置いた内容となっており，その学習単元は以下の通りです．

---
[1] 2012年に SL から HL に変更され，2014年から試験も変更されました．

＜ Topics ＞ （125時間）
　　Number and Algebra 数と代数
　　Descriptive Statistics 記述統計学
　　Logic, Sets and Probability 論理，集合，確率
　　Statistical Applications 統計処理
　　Geometry and Trigonometry 幾何と三角法
　　Mathematical Models 数学的モデル
　　Introduction to Differential Calculus 微分の基礎
＜ Project ＞ （25時間）
　各個人で情報を得たり実測したりすることによって集めたデータを分析・評価してレポートします．

【Mathematics Standard Level / Higher Level】（2012年改訂）
　Standard Level と Higher Level の Core Topics は同じですが，Higher Level の方が広く深く学習します．
　数学的帰納法，複素数，ベクトル積などは Higher Level だけで Standard Level には含まれていません．自然対数，無限級数，整関数以外の初等関数（三角・指数・対数関数など）の微分積分などは Higher Level だけでなく Standard Level にも登場します．
　学習単元は以下のようになっています．

＜ Core Topics ＞ （Higher Level 182時間，Standard Level 140時間）
　　Algebra 代数
　　Functions and Equations 関数と方程式
　　Circular Functions and Trigonometry 三角関数
　　Vectors ベクトル
　　Statistics and Probability 統計と確率

第2章　IBDP数学の概要

Calculus 微分積分
（2012年に Matrices 行列 は削除されました．2014年の試験から出題されません）

＜ Optional Topics ＞（Higher Level のみ以下から1つを学校が選択 48時間）
　Statistics and Probability 統計と確率
　Sets, Relations, and Groups 集合，関係，群
　Calculus 微分積分
　Discrete Mathematics 離散数学

＜ Mathematical Exploration ＞（Higher Level も Standard Level も10時間）

2012年に Portfolio から Mathematical Exploration に変わりました．各自が選んだテーマについて探求したものをレポートします．評価は，所属校の教員がした後で IB に送られて調整されます．

それまでの Portfolio では次の2つの課題がありました．
・Mathematical Investigation 数学的研究
・Mathematical Modeling 数学的モデル化

ある与えられたテーマについて研究・モデル化したものをレポートするという内容でした．

【Further Mathematics Higher Level】（2012年改訂）

Mathematics Higher Level の Optional Topics で選ばれたひとつを除く3つの Topics すべて（48 × 3 = 144時間）と，Linear Algebra（48時間 = 2012年新設），Geometry（48時間）が設定されており，他に選択できるものはありません．2012年から Higher Level になりました．

2.3 グラフ電卓（GDC）の必要性

グラフ電卓（Graphic Display Calculator＝GDC）はIBの授業でも試験でも必須の道具です．教科書にはグラフ電卓を使った説明がしばしば登場し，グラフ電卓がなければ解けないような問題が頻繁に見られます．

グラフ電卓にはプログラミング機能がついていますが，試験のときはプログラムを削除しておかなければいけません．また，代数計算機能（Computer Algebra System＝CAS）のついたものや，パソコンと同じキー配列（QWERTY Keyboards）を持ったものも許されません．代数計算機能（CAS）とは，文字式の計算が可能であるとか，計算した答を近似値ではなく$\sqrt{}$やπを使って表示できる機能です．IBDP Examではこの機能がついていない，すなわち答を近似値でのみ表示するグラフ電卓しか使用を許されていません．

ちなみに，米国の大学で教養課程の単位として認められるAP（Advanced Placement Test）のCalculus, Statisticsや，米国の入学資格試験に使われるSAT（Scholastic Aptitude Test）の数学においても，グラフ電卓の必要な問題が出題されています．

日本の大学入試ではグラフ電卓の使用は認められていませんが，日本数学検定協会による実用数学技能検定（数検）の二次試験では使用が認められています．

日本でも，2002年度から実施された教育課程でグラフ電卓使用の必要性が初めて明示されました．日本の学習指導要領には「必要に応じ，そろばん，電卓，コンピューターや情報通信ネットワークなどを適切に活用し，学習の効果を高めるよう配慮するものとする．」とあり，また指導要領解説にも「電卓の手軽さとコンピューターの簡易機能を持ち合わせたグラフが表示できる電卓も活用する」と明示されて

第2章 IBDP 数学の概要

います．しかし，日本では大学入試でグラフ電卓を必要としないので普及は難しい状況です．

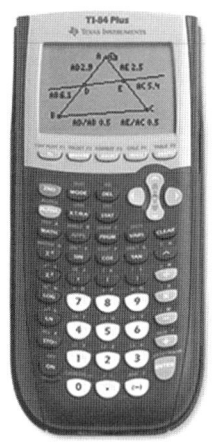
TI-84 Plus

TI-Nspire

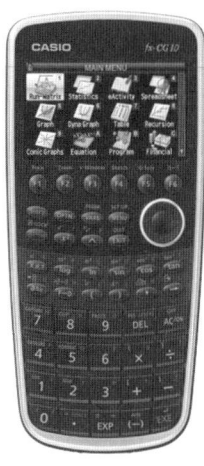
CASIO PRIZM

このあと，いろいろな例題を紹介しますが，グラフ電卓を持っていない人は，インターネットで，"Wolfram Alpha" という，いろいろな質問に対して解答してくれるオンラインサービスを利用してみてください．

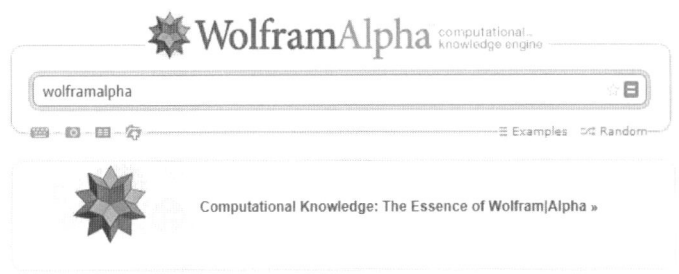

2.4 IBDP数学の評価法

【外部評価（筆記試験）と内部評価（課題）】

主な3科目，Mathematical Studies Standard Level, Mathematics Standard Level / Higher Level では，外部評価（筆記試験）が80％，内部評価（課題）が20％を占めます．

Mathematical Studies Standard Level の筆記試験は，基本問題 Paper 1 と応用問題 Paper 2 がそれぞれ90分ずつ，配点はそれぞれ40％ずつで，いずれもグラフ電卓が必要です．

Mathematics Standard Level の筆記試験は Paper 1 と Paper 2 があり，Mathematics Higher Level は Paper 1 と Paper 2 に加えてさらに Paper 3 があります．2008年から Paper 1 はグラフ電卓使用不可の基本問題 Section A と応用問題 Section B，Paper 2 はグラフ電卓が必要な基本問題 Section A と応用問題 Section B，Paper 3 はグラフ電卓が必要な応用問題となりました．20％は内部評価（課題）で，前述の Mathematical Exploration になります．

Mathematics Standard Level / Higher Level をまとめると次の図ようになっています．

	Higher Level		Standard Level	
外部評価 筆記試験	5時間	80％	3時間	80％
筆記試験1 必修範囲	2時間	30％	1時間30分	40％
	Section A 基本問題　Section B 応用問題　グラフ電卓不可			
筆記試験2 必修範囲	2時間	30％	1時間30分	40％
	Section A 基本問題　Section B 応用問題　グラフ電卓必要			
筆記試験3 選択範囲	1時間	20％		
	応用問題　グラフ電卓必要			
内部評価	20％			

第 2 章　IBDP 数学の概要

　Further Mathematics Higher Level の筆記試験は，2014年の試験から，中級問題 Paper 1 と応用問題 Paper 2 がそれぞれ 2.5 時間ずつ，配点は 50％ ずつになりました．いずれもグラフ電卓が必要です．内部評価（課題）はありません．

　どの筆記試験も Formula Booklet という公式集を試験中に見ることができますが，だからといって公式を覚えていなくてもいいかというと，試験中に公式を見つける時間を考えれば，やはり覚えていた方がスムーズです．

　評価の 20％ を占めるのが内部評価（課題）です．

　Mathematical Studies Standard Level の課題は Project といい，各個人で得た情報や実測値などのデータを分析・評価してレポートします．評価基準は以下の通りで，20点満点です．

　　Criterion A: Introduction [3 marks]

　　Criterion B: Information / Measurement [3 marks]

　　Criterion C: Mathematical Processes [5 marks]

　　Criterion D: Interpretation of Results [3 marks]

　　Criterion E: Validity [1 mark]

　　Criterion F: Structure and Communication [3 marks]

　　Criterion G: Notation and Terminology [2 marks]

　Mathematics Standard Level, Mathematics Higher Level の課題は，2012年に Portfolio から Mathematical Exploration に変わりました．各自が選んだテーマについて数学的にモデル化，研究，応用したものをレポートします．

　以前の Portfolio では数学的研究とモデル化の 2 つの課題がありましたが，Mathematical Exploration になって，モデル化，研究，応用をひとまとめにした課題になりました．評価基準は以下の通りで，20点満点です．

Criterion A: Communication [4 marks]

　ここでのコミュニケーションの意味は，よくまとまって理路整然としているかという意味です．すなわち，導入，テーマを選んだ理由，目的，結論が述べられているか．分かりやすく主張しているか．グラフや表や図が適所に置かれているかなどが評価されます．

Criterion B: Mathematical Presentation [3 marks]

　数学的な表現ということなので，正しく記号，シンボル，用語を使っているか．複数の形式で数学的表現をしているか，すなわち公式，図，表，チャート，グラフ，モデルなど異なる表現を使って説明しているかなどが評価されます．

Criterion C: Personal Engagement [4 marks]

　創造性，独創性があるか．個人の特性，独自の手法が見られるか．自分の力で仕上げることができたかということが評価されます．

Criterion D: Refection [3 marks]

　振り返りができているかどうか，すなわち，どのように見直し，分析し，評価をしているかが評価されます．振り返りはまとめの部分にあるとは限らず，全体を通じて見られることもあります．

Criterion E: Use of Math　[6 marks]

　レベルに合った，あるいはそれ以上のレベルの数学の知識や技法を使っているか．ふさわしいレベルの数学を使っていなければ，内容が良くても6点満点の2点以下になります．SLよりもHLのほうが，より高い正確さを求められます．例えばSLはタイプミスぐらいでは減点されませんが，HLでは減点されます．

第 2 章 IBDP 数学の概要

2.5 IBDP 数学の教科書

IBDP 数学の教科書はいくつかの出版社から出ています．2年分の内容を1冊にまとめてあるので，1000ページ前後の分厚い本になっています．とても毎日持ち帰れるような本ではありません．多くの場合，学校が購入して生徒に貸与する形になっています．中には購入すると電子化したものも付録で配布され，パソコンやタブレット端末などで手軽に読むことができるものもあります．

今回主に参考にしたのは次の教科書です．

・*Mathematics Higher Level*（*Core*）（For use with the International Baccalaureate Diploma Programme）IBID Press（2004/09）

IBID Press（2004/09）

IBID Press から出版されている IBDP 数学の教科書は，オンラインで IB の学習ができる "Pamoja Education" の教科書として採用されています．他にも，Cambridge University Press, Oxford University Press, Pearson Education, Haese Mathematics などから IBDP 数学の教科書が出版されています．

第3章

IBDP の必修要件と IBDP 数学

IB Art Works

3.1 知識の理論 (Theory of Knowledge＝TOK)

IBDPの必修要件のひとつである知識の理論 (Theory of Knowledge＝TOK) は，いろいろな学問を探究し，他の文化を尊重することにより，一貫性のある考え方を育てるためにつくられた学際的なコースです．具体的には，いろいろな学問分野から様々な話題を考察した中から関心のあるトピックについてまとめたプレゼンテーションと，与えられた複数の中から選んだひとつのテーマに関して複数の学問分野の視点から考察したエッセイが評価の対象になります．課題論文（EE）と同じく，高い方からABCDEで評価されます．

IBID Pressから出版されているIBDP数学の教科書の第1章はTheory of Knowledgeから始まります．1年間のTOKの授業のうち，数学が話題になるのは1ヵ月ぐらいなので，この内容を全部するわけではありませんが，興味を引く話題が多いので，内容を要約し，関連する話題をつけ加えてみました．

（以下▼は要約，◇は関連する話題

▼1.1 Pure and Applied Mathematics 純粋数学と応用数学

▼数学は文明の発達に大きな役割を果たしてきた．その例として，世界各地の歴史的建造物には高度な数学が使われていた．さらに，中国，インド，中東の文化により数学が大きく発展してきた．数学は大きく分類して2つある．数学そのもののために研究される純粋数学と，有用性のために研究される応用数学である．

▼ピエール・ド・フェルマー（1601 – 1665）は，方程式
$$x^n + y^n = z^n$$
はn＝2のときだけ整数解があると予想した（フェルマー予想）．純粋数学者にとって，このタイプの問題は強く興味を引かれるものであ

る．純粋数学を研究することは，普遍的な真実を探究することである．純粋数学者はきちんとした証明により「美」と「優雅」を見い出す．純粋数学者にとって，その対象はまさに芸術である．

◇純粋数学の代表ともいえるフェルマーの最終定理（現フェルマー・ワイルズの定理）に関しては，証明されるまでの経過が実に劇的で興味深いものがあります．フェルマーがこの予想を，ディオファントスの「算盤の書」という本の余白に書き残したこと，そして「証明できたが余白が狭くて書けない」と付け加えていたこと，その後多くの数学者が挑戦して解決まで360年かかったこと，アンドリュー・ワイルズ（1953 -）が正しいと思われる証明を発表した（1993）直後に不備が見つかったが，1年後に完全証明できたこと，日本人の大きな功績（谷山・志村予想，岩澤理論）があったことなどです．ワイルズは当時40歳を少し過ぎていたため，40歳以下で受賞できる，数学で最も偉大なフィールズ賞は与えられず，代わりにフィールズ特別賞が与えられました．

▼応用数学は，ある決まった動きに従えば何が起こり得るかを予測するなど，他の学問や実社会に利用される数学的手法（方程式，コンピューター・アルゴリズム等）の開発を希求している．これは非常に貴重な力となっている．例えば橋を建設するとしても，きちんとできるかどうかの慎重な計算が不可欠なのである．

▼1.2　Axioms 公理
▼数学は公理に基づいている．公理とは真と認められる「事実」であり，証明なしで受け入れられる主張である．ユークリッドは多くの「明白な」公理を仮定した．（例）$x=a$ かつ $y=a$ ならば $x=y$．

▼ユークリッド幾何学では，2点間の最短距離は直線である．後にこのことを認めなくても有用で矛盾のない幾何学（非ユークリッド幾何学）が登場する．

▼集合の公理系　例1　分出公理（axiom of specification または axiom of comprehension）＝どんな集合もある条件を加えればその部分集合ができる．（例）{中国人}という集合に「女性」という条件を加えれば，{中国人の女性}という部分集合ができる．

▼集合の公理系　例2　冪集合の公理（axiom of powers）＝どんな集合もその部分集合の全体からなる集合が存在する．

◇例えば，集合 {1, 2, 3} の部分集合の全体からなる集合 {φ（空集合），{1}, {2}, {3}, {1, 2}, {2, 3}, {1, 3}, {1, 2, 3}} は $2^3 = 8$ 個の部分集合を元に持ちます．すなわち部分集合の個数が2の冪乗（べきじょう）になります．これが部分集合の全体からなる集合を冪集合と呼ぶ理由です．

◇ ZF（Zermelo-Fraenkel）公理系には8つの公理があり，冪集合の公理はそのひとつです．ZF 公理系に選択公理（Axiom of Choice）を加えたものを ZFC（Zermelo-Fraenkel-Cohen）公理系と呼びます．分出公理は，置換公理（axiom of replacement）から導き出すことが出来るもので，置換公理は分出公理の変わりに後から ZF 公理系に導入されたものです．現在，一般的に使われている集合の公理系は ZFC 公理系です．

◇可算無限より非可算無限の方が大きいということが，ゲオルグ・カントール（1845-1918）の対角線論法によって証明されていますが，可算無限と非可算無限の間の無限は存在しないというのが，カントールが提出した連続体仮説です．その後，クルト・ゲーデル（1906-

第3章　IBDPの必修要件とIBDP数学

1978）により「ZFCからは連続体仮説の否定は証明できない」ことと，ポール・コーエン（1934 – 2007）により「ZFCから連続体仮説は証明できない」ことが証明されました．これは「ZFCに連続体仮説を加えてもその否定を加えても矛盾は生じないこと」すなわち「連続体仮説のZFCからの独立性」が示されたことになり，これで連続体仮説は解決したとされています．

▼非ユークリッド幾何学を発見した最初の数学者はロバチェフスキー（1793 – 1856）とボヤイ（1802 – 1860）であった．それぞれが独立に，ユークリッドの第5公準（平行線公準＝直線とその上にない一点を通る平行な直線はただ1つ存在する）を否定する幾何学（双曲幾何学）を作り上げた．

▼直線が両方向へ無限に広がることは「明らか」に思える．非ユークリッド幾何学は，この公理を含まず，平行線が全くない（楕円幾何学：その特殊な場合が球面幾何学）か，または2つ以上ある（双曲幾何学）と仮定する．これらの仮定が無矛盾であり，純粋数学者に「正しい」と受け入れられたことは偉大な業績であった．

▼これら非ユークリッド幾何学の1つである球面幾何学は実際に飛行機や船のナビゲーターによって利用されている．地球のような球面上では直線で旅行することは不可能である．球面上では2点間の最短距離は大円（＝赤道のように中心と半径が球と等しい円）の弧になる．球面上の大円を「直線」と考えてみると，球面上に書かれた三角形の内角の和は180度を超えるなど，変わった特徴があるが，無矛盾なひとつの幾何学であるといえる．

▼非ユークリッド幾何学に関する最終的ポイント，それはこの三次元宇宙が曲がっているらしいということである．これがアルベルト・アインシュタイン（1879 – 1955）の偉大な洞察の1つであった．宇宙が

球のように曲がっているのかどうか，それとも別のモデルが適切であるのかはまだ解明されていない．

◇正の曲率を持つ楕円幾何学と負の曲率をもつ双曲幾何学に対し，ユークリッド幾何学は曲率0の幾何学です．球面幾何学について述べるのに，ベルンハルト・リーマン（1826 – 1866）の名は欠かせませんが，ここでは登場していません．アインシュタインはリーマン幾何学を応用して一般相対性理論を確立しました．リーマンが球面モデルを考えたため，楕円幾何学をリーマン幾何学と呼ぶこともありますが，一般にはそれらが同じものとはされていません．
◇宇宙の形については，グリゴリー・ペレルマン（1966 – ）によるポアンカレ予想（1904）の証明が2006年に正しいと認められたため，「おおむね丸い」という答が出たことになるらしいです．ペレルマンは，40歳以下で受賞できる，数学で最も偉大なフィールズ賞の受賞を辞退したことでかえって有名になりました．

▼1.3　Proof 証明
▼数学において，証明には特別な意味がある．数学者にとって証明は疑問が全くない議論である．新しい証明が発表されると，他の数学者に検討・批評され，すべてのステップが正しいと認められた時のみ正しく証明されたと認められる．

▼証明におけるすべてのステップは，数学の公理系がもとになっている．公理から証明できる主張は定理として知られている．ある定理が証明されれば他の定理の証明に使えるようになる．このようにして「数学」が構成されていく．

▼1.3.1　Rules of Inference 推論規則

第3章　IBDPの必修要件とIBDP数学

▼すべての証明は推論規則による．これらの規則の基本は「含意＝implication（記号⇒）」の考えである．例として，「$2x = 4 \Rightarrow x = 2$」は真であり，その逆も真である．しかし，「$x = 2 \Rightarrow x^2 = 4$」は真であるが，その逆は真ではない．

▼推論規則には次の4つがある．

・分離規則（前件肯定）
　命題 a と b があり，a が真で $a \Rightarrow b$ が真ならば，b が真
・三段論法
　命題 a と b があり，$a \Rightarrow b$ が真で $b \Rightarrow c$ が真ならば，$a \Rightarrow c$ が真
・同値規則
　必要十分条件は同じことを意味するものとして言い換えることができる
・代入規則（普遍例化）
　ある集合のすべての元について真であれば，個々の元について真である

▼1.3.2　Proof by Exhaustion 取り尽くし法（または搾出法）による証明
▼名前が意味するように，これはあらゆる可能性を調べ尽くす方法である．例として，定理「毎年『13日の金曜日』が少なくとも1つある」を考えてみよう．毎年初日の曜日は月曜日から日曜日まで7つの可能性がある．うるう年も考えるとしても14の可能性がある．いったんすべての可能性を調べ尽くせば，その結果により，ある年に『13日の金曜日』があるかどうかがわかる．例えば，平年の1月1日が土曜日であれば，5月に『13日の金曜日』がある．この定理が正しいかどうか，すべての可能性を調べ尽くしてみよう．

◇平年の5月13日は1月1日から数えると，

$$31 + 28 + 31 + 30 + 13 = 133$$

日目になります．7で割ると余りは0なので，1月1日が土曜日なら，5月13日の曜日はその1日前すなわち金曜日になります．実際にすべての場合を調べてみるとこの定理が正しいことが確認できました．下表に示したとおり，どの年も1年の間に少なくとも1回，多い時は3回『13日の金曜日』が現れます．平年もうるう年も2月28日までは同じなので，1月と2月が同じ結果になり，他の月は1日ずれることが容易に理解できます．従って，平年の7通りの場合をすべて調べれば，うるう年の結果が得られます．

1月1日の曜日		日	月	火	水	木	金	土
13日の金曜日	平年	**1月** 10月	4月 7月	9月 12月	6月	**2月** 3月 11月	8月	5月
	うるう年	**1月** 4月 7月	9月 12月	6月	3月 11月	**2月** 8月	5月	10月

▼ 1.3.3 Direct Proof 直接証明

▼ 下図は，ヤコブ・ブロノフスキー（1908–1974）の「人類の上昇（*The Ascent of Man*）」にあるピタゴラスの定理の証明である．直角三角形の斜辺を一辺とする正方形の面積と，短い方の2辺でできる正方形の面積の和が等しいことを述べている．この証明の方法は仮定が全くないという意味で「直接的」である．

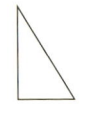

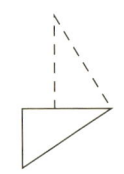

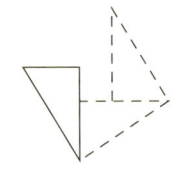

第3章　IBDPの必修要件とIBDP数学

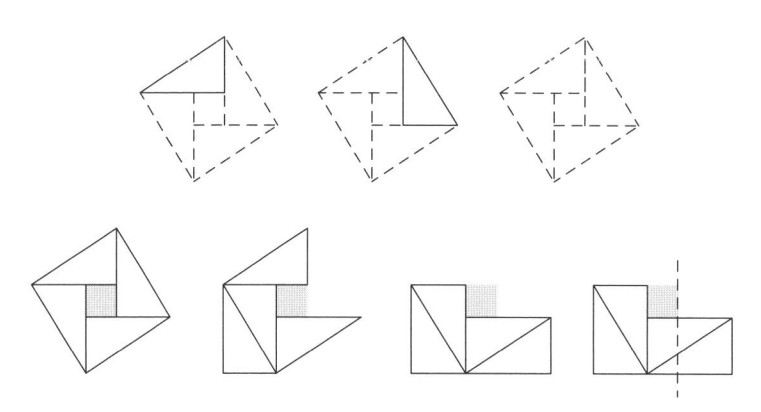

◇ピタゴラスの定理の証明は多数知られています．意外なところでは，レオナルド・ダ・ビンチ（1452-1519），米国第20代大統領ジェームズ・ガーフィールド（1876），アインシュタインなどです．下図からどのようにこの定理を導くのか考えてみましょう．

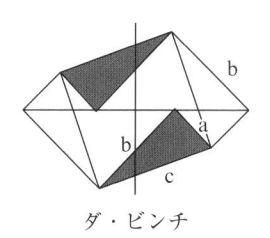

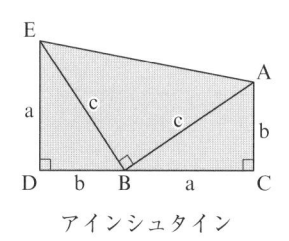

ダ・ビンチ

アインシュタイン

ガーフィールド

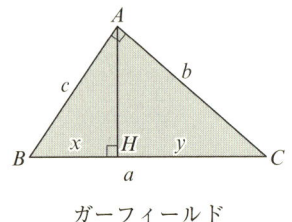

▼1.3.4　Proof by Contradiction 背理法による証明
▼背理法は,「結論を否定すると仮定に矛盾する」ことを示す証明法である．$\sqrt{2}$ という数は，正確な2の平方根を知らなかった古代ギリシャの数学者にとって強く関心を持たれた数だった．電卓で $\sqrt{2}$ を入力して，（電卓のモデルにもよるが）1.414213562 と表示されるとする．これを2乗すると2が表示される．しかしこれは，小数の値が正確な2の平方根だからではなく，電卓がさらに先の桁まで保存していて四捨五入した値を表示しているだけなのである．実際 1.414213562 を2乗してみるとその答は2にならない．（図の Ans^2 は「直前の答の2乗」という意味）

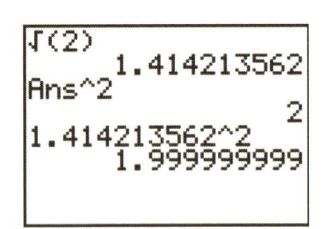

グラフ電卓の計算画面

▼2乗して2になる分数が存在しないこと，すなわち2乗して2になる有限小数または循環小数が存在しないことを証明しよう．
ある既約分数 p/q (p, q は整数) が $\sqrt{2}$ に等しいと仮定する．
$p/q = \sqrt{2}$ ⇒ $p^2/q^2 = 2$ ⇒ $p^2 = 2q^2$ ⇒ p^2 は偶数 ⇒ p は偶数

第3章　IBDPの必修要件とIBDP数学

p が偶数なら，$p = 2r$ を満たす整数 r がある．
$p = 2r \Rightarrow p^2 = 4r^2 \Rightarrow 2q^2 = 4r^2 \Rightarrow q^2 = 2r^2 \Rightarrow q^2$ は偶数 $\Rightarrow q$ は偶数
これは p/q が既約分数であることに矛盾するので証明された．

◇背理法により証明されている命題として，他にもいくつかあります．
◇「素数は無限に存在する」
　素数が有限個だと仮定します．つまりある自然数 n が存在してすべての素数が小さい順に

$$a_1,\ a_2,\ a_3,\ \cdots\cdots,\ a_n$$

と表されると仮定します．そこで

$$a_1 \times a_2 \times a_3 \times \cdots\cdots \times a_n + 1$$

という数を考えると，この数はどの素数で割っても1余るので素数になります．有限個と仮定したどの素数より大きな素数が見つかったので矛盾します．
◇「円の中心 O と円周上点の A を結ぶ半径と点 A における接線は垂直である」
　垂直でないと仮定します．O から接線上に垂線 OH をとります．接線上に AH = BH となる点 B を A と反対側にとります．すると △OAH ≡ △OBH が証明できて OA = OB となるので点 B も円周上に存在することになります．これは接線が1点だけを共有することに矛盾します．

▼他に，ある命題が成り立たないことを示す方法として，反例をあげるという方法がある．例えば，「すべての素数は奇数である」ということを否定するのに，2が素数でかつ偶数であるという反例を挙げれば，それで「すべての素数が奇数とはいえない」ことが証明できる．

「どんな正の奇数も『素数＋整数の2乗の2倍』であらわすことができる」という命題がある．例えば，

$$5 = 3 + 2 \cdot 1^2, \quad 15 = 13 + 2 \cdot 1^2, \quad 35 = 17 + 2 \cdot 3^2$$

となるが，実はずっと先の5777番目に反例が現れる．

▼類似の命題としてゴールドバッハ予想がある．クリスティアン・ゴールドバッハ（1690–1764）は，2より大きいどんな偶数も2つの素数の和で表せると予想した．例えば，

$$4 = 2 + 2, \quad 10 = 3 + 7, \quad 48 = 19 + 29$$

などである．単純な内容ではあるが，これまで反例は見つかっていないし，かと言ってまだ正しいという証明もされていない．

▼証明について考えるうえで，数学は「もう何もつけ加える必要のない完全な真実の集まりである」とは言えない．まだ証明されていない命題があることは既に見てきたし，数学の新しい分野がかなりの系統性を持って現れることもある．実際この後，限りある資源の分配に関する問題を解決するため1940年代に開発された線形計画法について学習することになる．また最近，純粋数学と応用数学の両方が「カオス理論」によって発展したが，これはマンデルブロ集合や自然界の営みの美しさを作り出した．カオス理論は，正確な長期天気予報が決して可能ではないということを示している．

◇マンデルブロ集合とは，「ある漸化式で定義される複素数列が極限で無限大に発散しない」という条件を満たす複素数全体が作る集合のことで，複素平面上の点として表すと，美しい自己相似な図形（フラクタル図形）となります．1979年にブノワ・マンデルブロ（1924–）が発見しました．

◇カオスは「混沌」と訳されますが，カオス理論では，あるものの動きが全くのランダムということではなく，法則に従うものの，その予

第 3 章　IBDP の必修要件と IBDP 数学

測は無限の情報が必要なためにほぼ不可能という意味です．自然現象（大気，プレートテクトニクス）や，社会現象（経済，人口増加）などが研究対象となっています．

▼1.4　Paradox 逆理
▼1.4.1　What is a Paradox?　パラドックス（逆理）とは何か？
▼純粋数学は自己矛盾を持たない構造を探究することである．次の証明を見てみよう．$x = 1$ と仮定すると，

$$x^2 - 1 = x - 1$$
$$(x + 1)(x - 1) = x - 1$$
$$x + 1 = 1$$
$$2 = 1$$

証明の2行目から3行目に移るときに，両辺を $x - 1 = 1 - 1$ すなわち 0 で割ったので，このような間違った結論になった．このようなパラドックスが起こったとき，どこかに間違いがないか証明の各ステップをよく見る必要がある．もし間違いがあれば，そのステップは取り除かなければならない．よく「0で割ってはいけない」という法則を忘れてしまうが，代数学や微分積分学において重要な事柄である．

◇「0で割ってはいけない」理由として，極限を考えるとか，解が存在すると矛盾がおこるとか，いろいろと形式的な解説はよくありますが素直に納得しにくいものです．実はこれらはすべて一貫した考えに基づけば簡単に説明できます．それは「何かを求めるために意味があるから計算をする」ということです．

　割り算には「等分除」と「包含除」2つの意味があります．「等分除」は，例えば6個の物を2人で分けるとか3人で分けるなど，文字通り「等分すること」です．ただしこれは割る数が正の整数に限られ

ます.一方「包含除」は,例えば6の中に1/2はどれだけ含まれているかというように,割る数がどれだけ割られる数に含まれているかという意味で,この場合は割る数が自然数とは限りません.

0で割るということはこれら2つの意味の両方ともあてはまりません.0人で分けることもしないし,0がどれだけ含まれているかなど考える必要はないのです.だから「0で割れない,または割ってはいけない」のではなく,何かを求めるために意味のある計算として「0で割るということはしない」のです.

▼パラドックスには何かおかしな点が隠れているのだが,数学の理論上大きな問題にはならないものが多い.簡単なパラドックスを集めたマーチン・ガードナーの本 "Aha! Gotcha: Paradoxes to Puzzle and Delight"'(1982)があり,その中の一例として,「エレベーターのパラドックス」がある.高い建物の下の方でエレベーターを待っていて,上がりたいと思っているとき,なぜいつも最初に来るエレベーターは上から来るように思えるのか.また,下りたいと思うとき,なぜいつも最初に来るエレベーターは上ってくるように思えるのか.これは実際の現象なのか,それともただ私たちの主観によるものなのか.または,マーフィーの法則の一例であって,うまくいかないときはうまくいかないものなのだろうか.

▼これは難しそうに見えるが,実は簡単に説明できる.エレベーターがどの階にも同じように配置されると仮定すると,下の方で待っているときは,その下の階が少ないので,下にあるエレベーターは少ないし,次に来るエレベーターは上から来る可能性が高い.逆に,上の方で待っているときは,その上の階は少ないので,上にあるエレベーターは少ないし,次に来るエレベーターは下から来る可能性が高いのだ.

第 3 章　IBDP の必修要件と IBDP 数学

▼ 1. 4. 2　Russell's Paradox? ラッセルのパラドックスとは？
▼最後に数学の基本概念である集合について再評価すべき要因となったラッセルのパラドックスを見てみよう．バートランド・ラッセル（1872 – 1970）は集合論の公理を詳細に検討した．すべての数学的構造において集合の存在が自明であるとみなされている．これは「すべてのもの」を含む集合を作ることができることを意味するだろうか．宇宙にあるすべてのものを含む集合を考えることに，そう困難は感じないように思えた．
▼ラッセルは図書館の蔵書目録について次のような疑問を提起した．蔵書目録も図書館の蔵書のひとつであるから，蔵書目録自身が蔵書目録のなかに掲載されるはずである．普通そんなことは問題にならないが，確かに蔵書目録は図書館にあり，どこにあるのか誰でも知っている．ここで，蔵書目録は2種類に分けられる．「自分自身を含む蔵書目録」と「自分自身を含まない蔵書目録」である．
▼次に「自分自身を含まない蔵書目録」のすべてを含む蔵書目録を作ることにしよう．ここで問題が起こる．この新しい蔵書目録自身をそこに掲載するかどうかである．もし掲載しないとすると，この新しい蔵書目録はもう「『自分自身を含まない蔵書目録』をすべて含む蔵書目録」ではなくなってしまう．この結果，このような新しい蔵書目録を作ることは不可能であることがわかる．しかしながら，不可能な蔵書目録を定義することはできたのである．
▼集合論のことばを使うと，集合には「自分自身を含む集合」と「自分自身を含まない集合」の2種類があることをラッセルの逆理は示している．「自分自身を含まない集合」のすべてを含む集合は矛盾なく定義することはできない．
▼ラッセルのパラドックスにより，すべてのものを含む集合を論じるときは非常に注意深くしなければならないことがわかった．日常使わ

れている数学に適していて，慎重に定義された全集合の中で議論するというのが通常の方法である．普通の計算をする限りでは，全集合は実数全体の集合で十分なのである．

◇ラッセルの逆理（Russell's paradox）について，どう説明すれば分かりやすいかを考えてみました．

「『自分自身を含まない集合』全体の集まり」をSとします．Sも集合と考えると『自分自身を含まない集合』か『自分自身を含む集合』のいずれかになります．

①Sが『自分自身を含まない集合』であるとします．自分自身を含まないのだからSはSを含まないはずです．しかし元々Sは「『自分自身を含まない集合』全体の集まり」だから『自分自身を含まない集合』Sを含むはずです．よって矛盾します．

②Sが『自分自身を含む集合』であるとします．自分自身を含むのだからSはSを含むはずです．しかし元々Sは「『自分自身を含まない集合』全体の集まり」だから『自分自身を含む集合』Sを含まないはずです．よって矛盾します．

①②のどちらを仮定しても以上のような矛盾が生じるので，「『自分自身を含まない集合』全体の集まり」Sを集合と考えることはできません．このような集まりは proper class（真類）と呼ばれています．

▼**1.5 Mathematics and Other Disciplines 数学と他の学問分野**

▼知識の理論ついての論文を書くとき，学際的な方法で議論を発展させなければならない．論文にタイトルをつけるためには，その作成のためにすべき細かい仕事と評価基準をよく読んだほうがいい．そこには，考察のたたき台として与えられたこの文章の内容ではなく，良い論文に期待されることが書かれてある．明確で他の学問とつながりの

第3章　IBDPの必修要件とIBDP数学

ある方法により，自分自身の考えと例示を作り上げることができれば，良い論文が書けるだろう．その過程の一部では，前述した「数学的方法」と他の学問に特有の方法とを比較することも必要であろう．

▼これまで見てきたように，数学は集合の公理に基づいている．これは他の学問でも同様である．例えば，「汝，殺すべからず」のような道徳的な公理もある．

▼古代ギリシャでは，美と調和は数学的な比に基づくことが，ほとんど公理のようにして信じられてきた．黄金比は，線分ＡＢ上にある点Ｂが，ＡＢ：ＢＣ＝ＢＣ：ＡＣとなるように分ける比で，実際 $1:(1+\sqrt{5})/2$（約 $1:1.618$）という比になっている．縦横をこの比にした長方形を考えると，これはまさに完璧な美しい比率になっている．

さらに，黄金比長方形の中で注目される点（Centre of Interest）は，横にも縦にも黄金比に分ける点（図の★）であり，テレビの画面などもこのことを考慮して作られている．

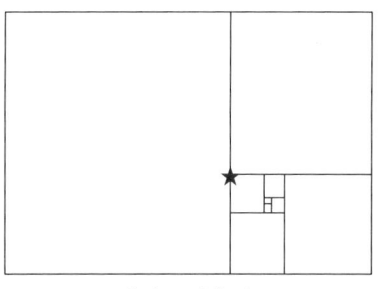

黄金比長方形

◇円周率をギリシャ文字 π（PI）で表すのと同様に，黄金比の値もギリシャ文字 ϕ（PHI）で表されます．ダン・ブラウンの小説「ダ・ビンチ・コード」において，主役の大学教授が黄金比についての講義をしていた場面で，数学専攻のある学生の台詞が次のように訳されてい

ました．
「私立探偵（PI）と混同しないでくださいよ．僕ら数学をやっている者はよくこういうんです．黄金比（PHI）は H があるおかげで PI よりずっと切れ者だってね！」

どうもこの訳はおかしいと思って原文を調べてみると，

"Not to be confused with PI. As we mathematicians like to say: PHI is one H of a lot cooler than PI!"

となっていました．それなら「PHI（黄金比）は PI（円周率）より H という文字がひとつ多い分だけカッコいいんですよ」というような意味なのではないかと思いました．同じ疑問を持った読者から，この部分は誤訳ではないかと指摘された訳者のコメントは以下の通りでした．

　「実は，この個所を訳していたとき，"PI" の意味が "私立探偵（Private Investigator）" なのか "π（pi）" なのかでかなり迷いました．私立探偵のほうを採用した理由は以下のふたつです．(1) 大文字で "PI" と書かれている場合，英語圏のミステリー小説の読者のほとんどは「私立探偵」の意味をまず思い浮かべる．(2)「ファイはパイよりクールだ」という読み方は，たしかに語呂はいいが，ジョークになっていない．一方，私立探偵は "cool"（＝かっこいい，切れ者）の代名詞と言ってもいいほどなので，そちらの意味にとれば気のきいたジョークになる．ただし，ここはアメリカ人でも意見が分かれるところかもしれません．また，作者はこの作品のいたるところで，ひとつの単語を二通りに解釈させるという技巧を使っており，この個所にも両方の意味をこめたのではないかと察せられます．その場合，翻訳小説においては，どちらか一方の意味を採用して，もうひとつの意味を切り捨てざるをえない場合もある，ということをどうかご理解ください．」

（角川グループパブリッシングのホームページより）

第3章　IBDPの必修要件とIBDP数学

▼同様に古代ギリシャでは，音楽においても比が調和を作ると信じられていた．2つの弦があって，長さの比を1：2とか2：3にして弾けば調和のとれた音が出るが，例えば17：19のような変な比にすると調和のとれた音は出ない．このような原理は現在も楽器の調律に利用されている．

▼最もよく見られる数学と他の学問とのつながりは，数学を道具として利用することである．例えば，統計は保険数理に使われ，確率は品質管理に使われ，ほとんどすべての分野の数学が工学に利用されている．数学がこのように利用されるときは，いつも矛盾のない正しい答を引き出すという前提がある．純粋数学の方法，応用数学のモデル化，および他の学問とのつながりがここにある．

▼以上の例の中には，正確で誤差のほとんどない計算が必要とされるものがある．ナビゲーションシステムは，地球上空の人工衛星との関係から地球上のある点の位置を計算するが，これは非常に正確でないと意味がない．

▼対照的に天気予報は，必要に応じてできるだけ正確に計算されてはいるが，情報が完全ではなく，大気の様子も概要しかわからないので，どんなに良くても，今後どうなるのかを予測することしかできない．幸いなことに，飛行機が行方不明になるより，天気予報がはずれることの方が一般に許されるものである．

▼他の学問を補う数学の方法は多数存在する．実際，コンピューターは本質的に数学的な装置であり，人間はコンピューターに頼ることが増えているので，数学とその方法が現代の世界を支えていると言っても過言ではない．

▼数学は「どこにでも」あるというわけではない．数学を使わずに成功した人も大勢いる．偉大な美術，音楽，詩も，あまり数学に関心を持たない人によってつくられたものである．

▼エッセイに数学的な考えを使う時に覚えておかなければいけないことは，独自の例を作り出すこと，それらを数学的背景で見ること，そして「どのようにその例が数学者に発想されるかということ」と，「どのように同じ例が他の学問から発想されるかということ」を比較することである．

▼簡単な例をあげよう．「ギャンブルをどう考えるべきか」

▼数学者にとって，ギャンブルは確率の問題である．ブレーズ・パスカル（1623－1662）が数学的見地から考えた最初の人である．例えばルーレットを1度回して出る数は予測できない．もし1ヶ所に賭けたとして，勝つかどうかではなく，勝つ確率だけは分かる．何回も数多く繰り返し行えば所持金の1/37を損することが予測できる．数学者は（少なくともこの計算をした数学者は）ゲームへの関心はなくなってしまうだろう．

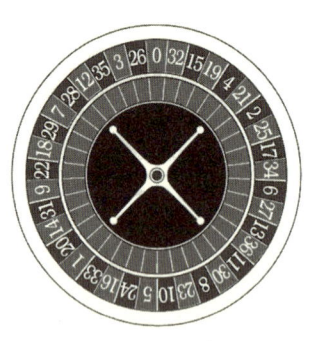

ルーレット盤

◇ルーレットは37個に区切られており，0から36の数字がついています．ルーレットの賭け方と払い戻し倍率にはいろいろありますが，Straight Up（シングルナンバー）の場合の払い戻し倍率は35：1．例えば1ドル賭けて当たれば35ドル払い戻しされ，その回に賭けた1ド

第3章　IBDP の必修要件と IBDP 数学

ルと合わせて36ドルを手に入れます．当たる確率は1/37なので，37回に1回当たるとすれば，37ドル使って36ドル儲けることになります．儲ける金額の期待値は

$$36 \times 1/37 + 0 \times 36/37 = 36/37$$

となり，多数回試行すれば所持金の1/37を失うことになります．

▼他の人々はギャンブルを異なった立場から見る．政治家にとって，カジノは歳入源ではあるが，社会問題が集まるところでもある．社会科学者は，ギャンブラーやギャンブルが社会に与える影響などを問題にする．神学者は最も重要なこととして，道徳的問題に注目するだろう．ギャンブルで得た金を奉仕に使うのは道徳的だろうか．これらの人も多くは研究に数学を使うだろうが，少し違った視点から論じている．

▼このように，どんな問題にも多面的な視点があるように，ギャンブルの問題にも多面的な視点があった．数学は，これらの問題を明らかにすることはできるが，すべての答を出すことはほとんどない．エッセイのタイトルを選ぶとき，自分の分析に数学的な考えや数学的方法を無理に使う必要はない．しかし，もし使うなら，この文章で述べた数学的方法の概要を役立ててほしい．

▼最後にひとつの作品を鑑賞しよう．数学と数学者は，時にはドライで現実的に見られることもある．それはある場合には正しいが，決して全ての場合が当てはまるわけではない．ルイス・キャロルとして知られている数学者チャールズ・ドジスン（1832 – 1898）の詩の一部を掲げてこの文章を終えることにする．

　　　'The time has come', the Walrus said,

　　　'To talk of many things:

　　　Of shoes and ships and sealing wax,

　　　Of cabbages and kings,

41

Of why the sea is boiling hot

And whether pigs have wings'.

「セイウチと大工」より

◇「鏡の国のアリス」(1871) 第4章に登場する「セイウチと大工」という詩で,セイウチと大工が若い牡蠣たちをうまい話で誘い出し,最後には全部食べてしまうという話の一部です.この部分はセイウチと大工がだました牡蠣を食べる直前のセイウチの台詞です.映画 "Alice in Wonderland"(1999)での日本語訳は次の通りです.

　　「さて,待ちに待ったとき」 セイウチは言った
　　「あれやこれや話し合おう」
　　「靴や船のこと,ろうそくのこと」
　　「キャベツのこと,そして王のことも」
　　「また海が熱いお湯のように煮え立つ訳を」
　　「豚に翼があるかないか」

◇ビートルズの曲のひとつ "I am the Walrus" に登場するセイウチはこの詩からの引用であるといわれています.当時のインタビューでは「セイウチは資本主義の象徴.騙して(牡蠣を)全部食べるんだ.」とジョン・レノン(1940 – 1980)は皮肉っています.

第3章　IBDPの必修要件とIBDP数学

3.2　課題論文（Extended Essay＝EE）

　IBDPの必修要件のひとつである課題論文（Extended Essay＝EE）は，最も得意な教科から，好きなテーマを選んで書くことができ，4000語（日本語なら8000文字）以下で仕上げます．数学をテーマに論文を書く生徒は少ないようですが，IBDP数学の教科書には，それを期待して，論文の書き方まで述べてあります．知識の理論（TOK）と同じく，高い方からABCDEで評価されます．

▼**1.6　The Extended Essay 課題論文**
▼課題論文は数学を選んで書くことを勧めたい．課題論文には，しっかりとした学術的な内容が求められてはいるが，素晴らしいものを書こうとして独創的な発見を書かなければいけないというのではない．数学の偉大な独創的発見の多くは，経験が少なくて比較的若い人による業績であった．
▼その例として，大学に入るのに苦労し，1982年に21歳の若さで死んだエバリスト・ガロアがいる．ガロアは，最も独創的な発想として後の数学に寄与した論文の多くを，決闘の前夜に書き残した．

◇アーベルが5次以上の方程式は一般に代数的には解けない（冪根と四則演算だけで書ける解の公式が存在しない）ことを証明した後，ガロアはどんな場合に与えられた方程式が代数的な解を持つのかを明らかにしました．内容が難しすぎて，死後14年も経ってからその業績が注目されたそうです．
　代数方程式の解法にはおもしろい歴史があります．
・2次方程式の解の公式発見 9世紀　フワリズミー（アラビヤ）
・3次方程式の解の公式発見　16世紀　フォンタナ（イタリア）

- 3次方程式の解の公式公表　16世紀　カルダノ（イタリア）
- 4次方程式の解の公式発見　16世紀　フェラーリ（イタリア）
- 5次以上の方程式に解の公式がないことを証明　19世紀　アーベル（ノルウェー）
- 5次以上の方程式が解を持つ条件　19世紀　ガロア（フランス）

　カルダノはフォンタナをだまして3次方程式の解法を聞きだし，自分の著書で公表しました．フォンタナには可哀そうですが，3次方程式の解の公式は「カルダノの公式」と呼ばれています．

▼現在はこのような独創的な考察は専門家の領域になっている感があるが，そうではないと言いたい．自分の独創的なアイデアがあることを信じ，もしあれば勇気を持って探究してほしい．

▼簡潔に述べられてはいるがまだ証明されていない数学の予想のいくつかを見てみよう．

1．素数は無限に存在する．5と7や11と13など，1つの偶数をはさむ2つの素数の組を双子素数という．双子素数はいくつあるか．

2．ゴールドバッハ予想「全ての2より大きい正の偶数は，2つの素数の和で表される」は未だ証明されていない．

3．無限に大きいピラミッド（正四角錐）に無限個の大砲の弾（球）が充填されている．大砲の弾（球）が充たす空間の最大比率は何か．

4．メルセンヌ素数とは何か．新しいメルセンヌ素数を見つけられるか．25番目と26番目のものは高校生が発見した．

◇メルセンヌ素数は，2^n-1 という形の素数です．他にもいろいろな素数があります．

　双子素数＝連続する2つの素数

第3章　IBDPの必修要件とIBDP数学

階乗素数 = $n! \pm 1$ という形の素数

素数階乗素数 = $n\# \pm 1$ という形の素数（$n\#$ は n 以下の素数をすべて掛け合わせた数）

フェルマー素数 = $2\wedge(2\wedge n) - 1$ という形の素数（$2\wedge n$ は 2^n という意味）

オイラー素数 = $n^2 + n + 41$ という形の素数

映画「プルーフ・オブ・マイ・ライフ」にはこんな素数も登場します.

Hal 　　　「ソフィー・ジェルマンか．"ジェルマン素数"の？」
Catherine 「そう」
Hal 　　　「$2p + 1$ = 素数．$2 \cdot 2 + 1 = 5$．2も5も素数だ」
Catherine 「または $92305 \cdot 2\wedge16998 + 1$」
Hal 　　　「そうだ」
Catherine 「今知られている最大素数」
---

p も $2p + 1$ も素数であるとき，p をソフィー・ジェルマン素数，$2p + 1$ を安全素数（Safe Prime）といいます．ここに登場した値は5122桁で1998年当時の最大ですが，その後次々と最大のものが見つかり，2010年3月には $183027 \cdot 2\wedge265440 - 1$ で79911桁のものが見つかりました.

▼一例として，ある高校生の書いた「結び目の数学」という論文を見てみよう．最初に，数学者の特徴といえる2つの考え方，「存在」と「分類」を示している．「存在」は，どのような場合に「結び目」が存在するかを意味する．全ての場合を紹介できないが，重要なのは次の場合である．結び目のように見えるものがあって，そのひもの両側を引いてみてきれいに1本のひもに戻れば「もつれ」といい，そうでな

ければ「結び目」という．この論文では，このように「結び目」の「存在」を示した．

▼次に「結び目」の「分類」である．2つの異なる応用性のある分類「ひとえつなぎ」と「もやい結び」を示している．「ひとえつなぎ」は，2本のロープをすべらないようにつなぐ結び方で，「もやい結び」は，1本のロープで輪を作り，それで締める結び方である．さて，「結び目」の種類とは何だろうか．また，その数学的特徴とは何であろうか．

第4章

IBDP 数学の内容

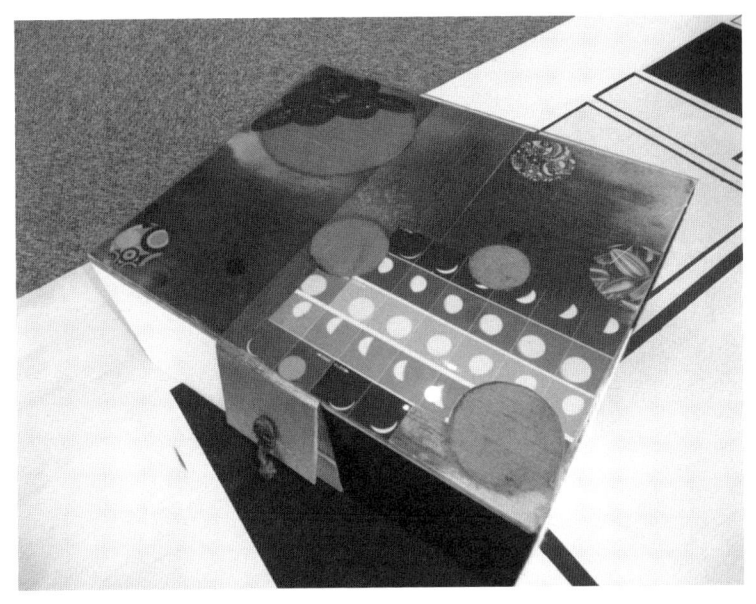

IB Art Works

4.1 表記法

日本の高等学校までの教科書では使われていませんが，ある種の数の全体を決まった文字で表します．

C 複素数 （**Complex Number**）

R 実数 （**Real Number**）

Q 有理数 （**Rational Number**）

商を意味する Quotient の頭文字をとっています．

Z 整数 （**Integer**）

ドイツ語で「数」を意味する Zahlen に由来しています．

N 自然数 （**Natural Number**）

日本の教科書では自然数に0を含みませんが，0を含む流儀もあり，IB では自然数に0を含みます．0を含まない場合は **N**$^+$ または **Z**$^+$ で表します．

日本の高等学校までの教科書と一部異なる表記法があります．

ln 自然対数（**Natural Logarithm**）

常用対数と混同しないよう，ラテン語で logarithmus naturalis であることを強調してこう表します．グラフ電卓にも，log と区別して ln のキーがあります．日本では普通，常用対数も自然対数も log と書きます．

不等号 ≤ ≥

日本では普通，≦ ≧と書きます．

角 ABC

$A\hat{B}C$ は∠ABC を意味します．

cis θ

$\cos\theta + i\sin\theta$ を意味します．

第 4 章　IBDP 数学の内容

組合せ

次の 4 つはすべて Combination です．

$${}_nC_r = {}^nC_r = C_r^n = \binom{n}{r}$$

閉区間・開区間

閉区間は同じ $[a, b]$ ですが，開区間は $]a, b[$ で表します．

Argand Diagram

複素平面．1811 年頃 Gauss によって導入されたのでガウス平面（Gaussian plane）とも呼ばれますが，その前の 1806 年に Jean-Robert Argand も同じ方法を使ったので，アルガン図（Argand Diagram）とも呼ばれています．

英語で書かれた数学の教科書では，自然数ひとつに（　）をつけることがあり，また逆に，負の数に（　）をつけないこともあります．例えばこんな感じです．

$$(3 + 2\sqrt{5})^2 = (3)^2 + 2(3)(2\sqrt{5}) + (2\sqrt{5})^2$$
$$2 + -5 = -3$$

英語圏からの帰国生に，このような表記をする場合がしばしば見られますが，安易に「この書き方は良くない」と言わないように注意したいところです．

4.2　自然対数の底 e の導入

日本では，小説『博士の愛した数式』（小川洋子著，新潮社，2003

年）で，オイラーの等式 Euler's equation（または Euler's identity）
$$e^{i\pi} + 1 = 0$$
が紹介されてから，理数系でなくても自然対数の底 e は急に注目されるようになりました．オイラーの等式は，オイラーの公式 Euler's formula
$$e^{i\theta} = \cos\theta + i\sin\theta$$
に $\theta = \pi$ を代入して得られますが，これは日本の高校数学では扱われません．

日本の高校数学で e を学習するのは，数学Ⅲの指数・対数関数の微分のところですが，IBDP 数学では，Higher Level でも Standard Level でも，日本の数学Ⅱにあたる指数関数のところで導入されます．しかも，実社会に応用されている連続複利の解説の中で登場します．

元金 P，年利率 r，元利合計を A とすると，1年後は
$$A = P + P \times r = P(1+r)$$
となります．これを半年ごと，3ヵ月ごと，毎月，毎日，毎時間，毎分，毎秒……の複利で計算していくとどうなるでしょうか．例えば，3ヵ月ごとの複利では，1年に4回複利計算をするので，
$$A = P\left(1 + \frac{r}{4}\right)^4$$
となります．よって，1年間に n 回複利計算をすれば，
$$A = P\left(1 + \frac{r}{n}\right)^n$$
となります．ここで n を限りなく大きくするとき（すなわち一瞬一瞬で複利計算をするとき）これを連続複利といい，実際，数理ファイナンスで使われています．

では仮に $r=1$ とするとき，連続複利では1年後には何倍になるでしょうか．n を限りなく大きくしていくと，これはある値に近づいて

第 4 章　IBDP 数学の内容

いきます．(a^b は a^b の意味)

```
(1+1/1)^1
             2
(1+1/10)^10
          2.59374246
(1+1/100)^100
          2.704813829
```

```
(1+1/1000)^1000
          2.716923932
(1+1/10000)^1000
0
          2.718145927
```

```
(1+1/10^5)^(10^5
)
          2.718268237
(1+1/10^10)^(10^
10)
          2.718281828
```

グラフ電卓のない人は"Wolfram Alpha"で確認してみてください．

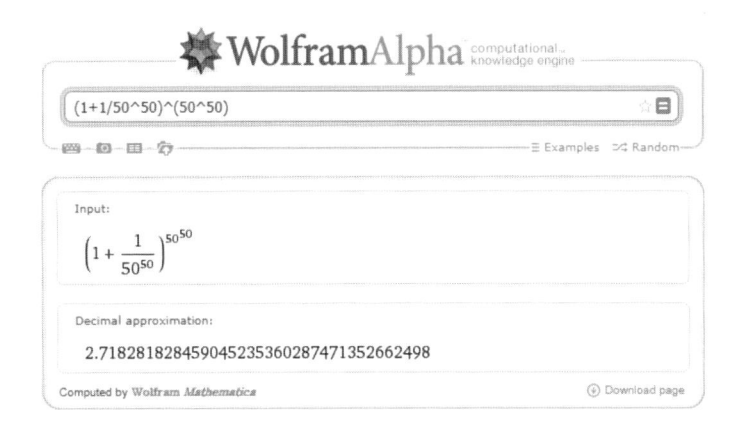

WolframAlpha computational knowledge engine

`(1+1/50^50)^(50^50)`

Input:

$$\left(1+\frac{1}{50^{50}}\right)^{50^{50}}$$

Decimal approximation:

2.7182818284590452353602874713526624980

Computed by Wolfram *Mathematica*

この極限値は 2.718281828459045… という循環しない無限小数（無理数）になります．この数を e で表し，一般には自然対数の底 the

51

base of the natural logarithm, またはネイピア数 Napier's constant といいます. Euler's number と書かれることもありますが, これはオイラー数 Euler Numbers と呼ばれる別の数（数列）があることと, さらに別の数であるオイラーの定数 Euler's Gamma $\gamma = 0.5772156649\cdots$ と混同されやすいことからあまり使われません.

4.3 指数関数のモデル化

指数関数の応用としては, 成長または減衰する現象をモデル化するのに使われる場合が多く見られます. 日本の高校数学の教科書では, あまり例があげられていませんが, IBDP 数学の教科書では例が豊富に示されています. まず, 単純な指数関数の例をあげます.

例1

When looking at the bacteria count of an experiment, the growth in the number of bacteria present in the colony is accurately represented by an exponential growth model. If there are initially 100 bacteria in a colony and the size doubles every day, we model this situation by making use of the exponential function,

$$f(t) = 100 \times 2^t$$

(訳)

バクテリアの数の急激な増加は, 指数関数でモデル化される. 最初に100のバクテリアがあって, 毎日2倍になるとする. t 日後のバクテリアの数は次式で表せる.

$$f(t) = 100 \times 2^t$$

第4章 IBDP 数学の内容

例2

Certain physical quantities decrease exponentially, for example, the decay of a radioactive substance, or isotope. Associated with this is the half-life, that is, the time that it takes for the substance to decay to one half of its original amount. A radioactive bismuth isotope has a half-life of 5 days. If there is 100 milligrams initially, then we can model this situation by making use of the exponential function,

$$f(t) = 100 \times \left(\frac{1}{2}\right)^{\frac{t}{5}}$$

(訳)

放射性物質や同位元素などの半減期（もとの半分の量になるのにかかる時間）を知ることによって，その量は指数関数で表される．例えば，放射性同位体ビスマス[1]には，5日間の半減期がある．初めに100mgあったとすると，t日後の量は次式で表せる．

$$f(t) = 100 \times \left(\frac{1}{2}\right)^{\frac{t}{5}}$$

問題1

During the chemical processing of a particular type of mineral, the amount M kg of the mineral present at time t hours since the process started, is given by

$$M(t) = M_0 \times 2^{kt}, \quad t \geq 0, \quad k < 0$$

where M_0 is the original amount of mineral present. If 128 kilograms of the mineral are reduced to 32 kilograms in the first six hours of the process

---

[1] 放射性同位体ビスマスは，化学記号 Bi，原子番号83.

find,

(a) ⅰ. the value of k.

ⅱ. the quantity of the mineral that remains after 10 hours of processing.

(b) Sketch a graph of the amount of mineral present at time t hours after the process started.

(訳)

ある種のミネラルは化学変化に伴ってその量が減少する．初期値を M_0 kg とすると，t 時間後の量は
$$M(t) = M_0 \times 2^{kt}$$
で表される．6時間で128kg から32kg になったとする．

(a) ⅰ. k の値を求めよ．

ⅱ. 10時間後の量を求めよ．

(b) グラフを書け．

(解答1)

(a) ⅰ. $t=6$, $M_0=128$, $M=32$ を代入して，
$$32 = 128 \times 2^{6k}$$
$$2^5 = 2^7 \times 2^{6k}$$
$$6k = -2$$
$$k = -\frac{1}{3}$$

ⅱ. $t=10$ を代入して，
$$M = 128 \times 2^{-\frac{1}{3} \times 10} = 12.699\cdots \fallingdotseq 12.70$$

第4章　IBDP数学の内容

(b)

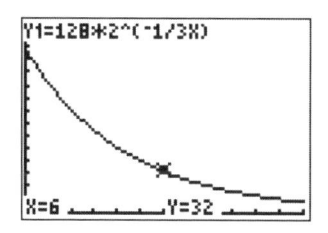

```
Y1=128*2^(-1/3X)
X=6     Y=32
```

問題2

The scrap value , V, of some machinery after t years is given by
$$V = 5000 \times 0.58^t, \quad t \geq 0$$
(a) What was the initial cost of the machine?
(b) What is the scrap value of the machine after 4 years?
(c) How long would it be before the scrap value reaches $20000?
(d) The machine needs to be sold at some time when the scrap value of the machine lies somewhere between 10000 and 15000. What time–frame does the owner have?

(訳)

ある機械の t 年後の潰し値段[2]は
$$V = 50000 \times 0.58t$$
で表せる．
(a) 初期の値段はいくらか．
(b) 4年後の潰し値段はいくらか．
(c) 潰し値段が20000ドルになるのにどれぐらいかかるか．
(d) 潰し値段が10000～15000ドルの間で売るとすればいつか．

---
[2] 潰し値段 scrap value とは，製品などを廃品としたときの値段のこと．

(解答2)

(a) $t=0$ を代入して,
$$V = 50000 \times 0.58^0 = 50000$$

(b) $t=4$ を代入して,
$$V = 50000 \times 0.58^4 = 5658.248\cdots \fallingdotseq 5658.25$$

(c) $V=20000$ を代入して,
$$50000 \times 0.58^t = 20000$$
$$0.58^t = \frac{2}{5}$$
$$t = \log_{0.58} \frac{2}{5} = 1.682\cdots \fallingdotseq 1.68$$

(d) $10000 \leq V \leq 15000$ だから,
$$10000 \leq 50000 \times 0.58^t \leq 15000$$
$$\frac{1}{5} \leq 0.58^t \leq \frac{3}{10}$$

底 $0.58 < 1$ なので,
$$\log_{0.58} \frac{3}{10} \leq t \leq \log_{0.58} \frac{1}{5}$$
$$2.21 \leq t \leq 2.95$$

問題3

The 'growth' of crystals, measured in kilograms, in a chemical solution, has been approximately modelled by the exponential function , where W is
$$W = 2 \cdot 10^{kt}, \quad t \geq 0$$
measured in kilograms and t in years. After 1 year in a chemical solution, the amount of crystal in the chemical increased by 6 grams.

第4章　IBDP数学の内容

(a) Find the value of *k*.
(b) Find the amount of crystal in the chemical solution after 10 years.
(c) How long does it takes for this crystal to double in 'size'?
(d) Sketch the graph showing the amount of crystal in the chemical solution at time *t*.

(訳)

　水晶[3]の成長は次の式でモデル化できる．t 年後の量（kg）は
$$W = 2 \times 10^{kt}$$
で表せる．1年後に6g増加したとする．

(a) k の値を求めよ．
(b) 10年後の量を求めよ．
(c) 量が2倍になるのにどれぐらいかかるか．
(d) グラフを書け．

(解答3)

(a) $t = 0$ のとき
$$W = 2 \times 10^0 = 2$$

$t = 1$ のとき6g（$= 0.006$kg）増えているので，
$$2.006 = 2 \times 10^k$$
$$1.003 = 10^k$$
$$k = \log_{10} 1.003 \fallingdotseq 0.0013$$

(b) $t = 10$ を代入して，
$$W = 2 \cdot 10^{0.0013 \times 10} = 2.0607 \cdots \fallingdotseq 2.061$$

---
[3] 水晶は六角柱の形をしており，流水中にわずかに含まれる珪酸が蓄積されることにより，長い年月をかけて少しずつ成長していく．

(c) t 年で 10^(0.0013t) 倍だから,

$$2 \times 10^{0.0013t} = 2$$
$$0.0013t = \log_{10}2$$
$$t = \frac{\log_{10}2}{0.0013} = 231.561\cdots \fallingdotseq 231.56$$

(d)

```
Y1=2*10^(0.0013X)



X=0          Y=2
```

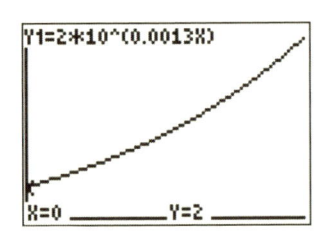

問題4

It is found that the intensity of light decreases as it passes through water. The intensity I units at a depth x metres from the surface is given by

$$I = I_0 \times 10^{-kx}, \quad x \geq 0$$

where units is the intensity at the surface.

Based on recordings taken by a diving team, it was found that $I = 0.2I_0$ at a depth of 50 metres.

(a) Find the value of k (to 5 d.p.).

(b) Find the percentage of light remaining at a depth of 20 metres.

(c) How much further would the divers need to descend, to reach a level at which the intensity of light would be given by $I = 0.1I_0$?

(d) Find the depth at which the intensity would be a half of that at the surface.

(e) Sketch the graph representing the intensity of light at a depth of x metres.

第4章 IBDP 数学の内容

（訳）

　光の量は水の中を通過すると減少する．水面から xm の深さの光量は，

$$I = I_0 \times 10^{-kx}$$

で表される．潜水士が水深50m まで潜って調査したところ $I = 0.2I_0$ だった．

(a) k の値を小数第5位まで求めよ．
(b) 水深20m での光量はもとの何%になるか．
(c) (b)の後に $I = 0.1I_0$ になるためにはさらに何 m 潜らなければならないか．
(d) 光量が1/2になるのは水深何 m か．
(e) グラフを書け．

（解答4）

(a) $x = 50$ で $I = 0.2I_0$ だから，

$$10^{-k \times 50} = 0.2$$

$$-50k = \log_{10}0.2$$

$$k = \frac{\log_{10}0.2}{-50} = 0.013979\cdots ≒ 0.01398$$

(b) $x = 20$ を代入して，

$$10^{-0.01398 \times 20} = 0.52529\cdots ≒ 52.52$$

(c) 水深 xm まで潜るとすると，

$$10^{-0.01398x} = 0.1$$

$$-0.01398x = \log_{10}0.1$$

$$x = \frac{\log_{10}0.1}{-0.01398} = 71.530\cdots ≒ 71.53$$

$$71.53 - 20 = 51.53$$

(d) $I = 0.5I_0$ になるから,

$$10^{-0.01398x} = 0.5$$

$$-0.1398x = \log_{10}0.5$$

$$x = \frac{\log_{10}0.5}{-0.1398} = 21.532\cdots \fallingdotseq 21.53$$

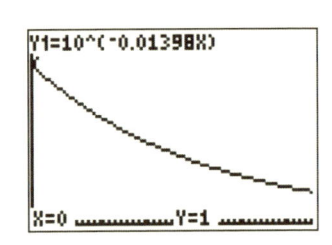

(e)

```
Y1=10^(-0.01398X)
X=0          Y=1
```

問題5

An endangered species of animal is placed into a game reserve. 150 such animals have been introduced into this reserve. The number of animals, $N(t)$, alive t years after being placed in this reserve is predicted by the exponential growth model.

$$N(t) = 150 \times 1.05^t$$

(a) Find the number of animals that are alive after

  i. 1 year

  ii. 2 years

  iii. 5 years

(b) How long will it take for the population to double?

(c) How long is it before there are 400 of this species in the reserve?

(d) Sketch a graph depicting the population size of the herd over time. Is this a realistic model?

第4章　IBDP数学の内容

(訳)

絶滅が心配される動物が生息する区域は禁猟区となる．今このような動物が150いるとき，t年後の生息数は，

$$N(t) = 150 \times 1.05^t$$

と予測できる．

(a) 1年後，2年後，5年後の生息数を求めよ．
(b) 2倍になるのに何年かかるか．
(c) 400になるのは何年後か．
(d) グラフを書け．そのグラフは現実的か．

(解答5)
(a) $t = 1$，$t = 2$，$t = 5$を代入して，
　　1年後　$N(1) = 150 \times 1.05^1 = 157.5 \fallingdotseq 158$
　　2年後　$N(2) = 150 \times 1.05^2 = 165.3 \fallingdotseq 165$
　　5年後　$N(5) = 150 \times 1.05^5 = 191.4 \fallingdotseq 192$
(b) N = 300になるので，

$$1.05^t = 2$$

$$t = \log_{1.05} 2 = 14.20\cdots \fallingdotseq 14.2$$

(c) 400になるのは400/150倍 = 8/3倍だから，

$$1.05^t = \frac{8}{3}$$

$$t = \log_{1.05} \frac{8}{3} = 20.10\cdots \fallingdotseq 20.1$$

61

(d)

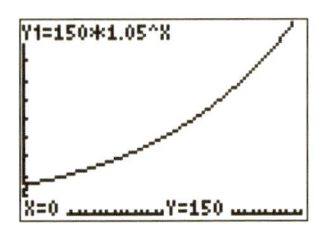

指数関数はこの後急激に増加していくので，t の値が大きくなるほど現実的でなくなります．

問題6

The temperatures of distant dying stars have been modelled by exponential decay functions. A distant star known to have an initial surface temperature of 15000°C, is losing heat according to the function,
$$T = T_0 \times 10^{-0.1t}$$
where T_0°C is its present temperature, and T°C the temperature at time t (in millions of years).

(a) Determine the value of T_0.
(b) Find the temperature of this star in
  i. one million years,
  ii. 10 million years.
(c) How long will it be before the star reaches a temperature that is half its original surface temperature?
(d) Sketch a graph representing this situation.

(訳)

滅亡の近い星の表面の温度は

第 4 章　IBDP 数学の内容

$$T = T_0 \times 10^{-0.1t}$$

で表される．ここで星の年齢が t 百万年，初期の表面温度が 15000 度である．

(a) T_0 の値を求めよ．
(b) 星の年齢が 100 万年，1000 万年のときの温度を求めよ．
(c) 温度が 1/2 になるのに何年かかるか．
(d) グラフを書け．

(解答6)
(a) 初期温度なので，15000°C
(b) $t = 1$，$t = 10$ を代入して，

　　　　　100 万年後　$T = 15000 \times 10^{-0.1 \times 1} = 11914 \fallingdotseq 11900$
　　　　　1000 万年後　$T = 15000 \times 10^{-0.1 \times 10} = 1500$

(c) 温度が 1/2 になるには，

$$10^{-0.1t} = \frac{1}{2}$$

$$-0.1t = \log_{10}\frac{1}{2}$$

$$t = \frac{\log_{10}\dfrac{1}{2}}{-0.1} = 3.010\cdots \fallingdotseq 301 \text{（万年）}$$

(d)

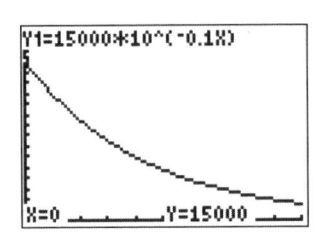

◇次に一次関数と指数関数の積の例をあげます．このような関数は日本では数学Ⅲで扱いますが，IBDP 数学ではグラフ電卓を利用するがゆえに扱える内容です．

問題7

Betty, the mathematician, has a young baby who was recently ill with fever. Betty noticed that the baby's temperature, T, was increasing linearly, until an hour after being given a dose of penicillin. It peaked, then decreased very quickly, possibly exponentially. Betty approximated the baby's temperature, above 37°C by the function
$$T = t \times 0.82^t, \quad t \geq 0$$
where t refers to the time in hours after 7.00pm.

(a) Sketch the graph of $T(t)$.

(b) Determine the maximum temperature and the time when this occured (giving your answer correct to to 2 d.p)

(訳)

数学者のベティの赤ちゃんが病気で熱を出した．熱は一定の割合で上がり，ペニシリンを投与した1時間後に下がってきた．ベティは午後7時から t 時間後の熱の，37度を越える部分を
$$T = t \times 0.82^t$$
で表した．

(a) グラフを書け．

(b) 最も高かった体温とそのときの時刻を求めよ（小数第2位まで）．

(解答7)

(a) グラフ電卓を使用しない場合，まず T を t で微分して，

第4章　IBDP数学の内容

$$\frac{dT}{dt} = 0.82^t + t \times 0.82^t \times \ln 0.82$$

$$= 0.82^t(1 + t \times \ln 0.82)$$

$dT/dt = 0$ となるのは,

$$1 + t \times \ln 0.82 = 0$$

$$t \times \ln 0.82 = -1$$

$$t = -\frac{1}{\ln 0.82}$$

この値のときに極値をとりますが,近似値を得るには電卓が必要です.

$$t = 5.039\cdots \fallingdotseq 5.04$$

増減表を書けば, $t = 5.04$ で極大値 1.85 をとることがわかります.

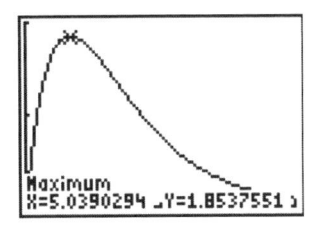

グラフ電卓のない人は "Wolfram Alpha" で確認してみてください.

WolframAlpha computational knowledge engine

`max t*0.82^t`

Input interpretation:

maximize $t\, 0.82^t$

Global maximum:

$\max\{t\, 0.82^t\} \approx 1.85376$ at $t \approx 5.03903$

Plot:

(x from −2 to 6)

Computed by Wolfram *Mathematica*

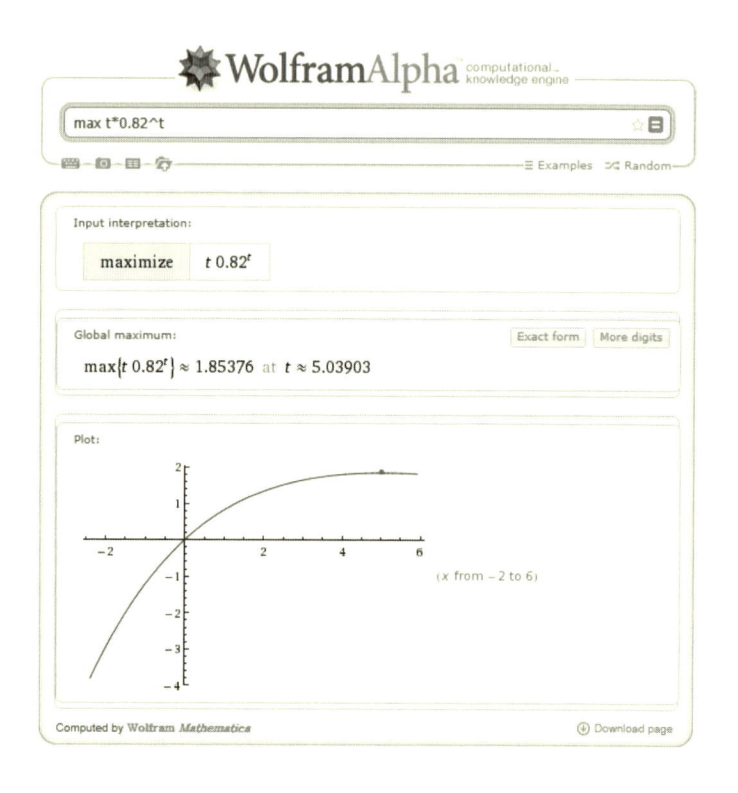

(b) 37°Cからの上昇分なので，

$$37 + 1.85 = 38.85$$

7時から5.04時間後なので，12時過ぎごろになります．

◇この問題の指示に「小数第2位まで求めよ」とあったので，体温と時刻の両方をそのように求めてみると，体温は38.85度Cで時刻は午後12.04時（午前0時2分24秒）となりましたが，テキストの解答には，"38.85°C at 〜 midnight"とありました．

第4章　IBDP 数学の内容

問題8

As consumers, we know from experience that the demand for a product tends to decrease as the price increases. This type of information can be represented by a demand function. The demand function for a particular product is given by

$$p = 500 - 0.6 \times e^{0.0004x}$$

where p is the price per unit and x is the total demand in number of units.

(a) Find the price p to the nearest dollar for a demand of

　ⅰ. 1000 units.

　ⅱ. 5000 units.

　ⅲ. 10000 units.

(b) Sketch the graph of this demand function.

(c) What level of demand will produce a price per unit of $200?

　The total revenue, R, obtained by selling x units of this product is given by

$$R = xp.$$

(d) Find the revenue by selling

　ⅰ. 1000 units

　ⅱ. 5000 units

　ⅲ. 10000 units

(e) Sketch the graph of the revenue equation.

(f) Find the number of units that must be sold in order to maximize the total revenue.

(g) Determine the maximum revenue. Giving your answer to 2 d.p.

(訳)

　一般に商品の価格が上がると需要が減少する．このような現象は需

要関数で表すことができる．ある商品の需要関数は，p を商品の単価，x を需要数とするとき，
$$p = 500 - 0.6 \times e^{0.0004x}$$
で与えられる．
(a) 需要が1000，5000，10000の場合の単価を求めよ．
(b) グラフを書け．
(c) 単価が200ドルのときの需要数を求めよ．

総収入 R は，
$$R = xp$$
で与えられる．
(d) 需要が1000，5000，10000の場合の総収入を求めよ．
(e) 総収入のグラフを書け．総収入が最大になるときの需要数を求めよ．
(f) 総収入の最大値を求めよ（百万単位で小数第2位まで）．

(解答8)
(a) $x = 1000$，5000，10000を代入して，
$$p = 500 - 0.6 \times e^{0.0004 \times 1000} = 499.1 \cdots \fallingdotseq 499$$
$$p = 500 - 0.6 \times e^{0.0004 \times 5000} = 495.5 \cdots \fallingdotseq 496$$
$$p = 500 - 0.6 \times e^{0.0004 \times 10000} = 467.2 \cdots \fallingdotseq 467$$
(b)

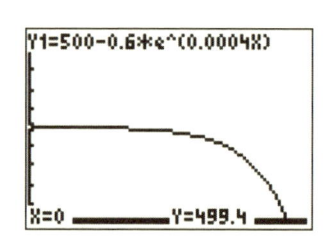

第 4 章　IBDP 数学の内容

(c) $p = 200$ となるので,

$$200 = 500 - 0.6 \times e^{0.0004x}$$
$$0.6 \times e^{0.0004x} = 300$$
$$e^{0.0004x} = 500$$
$$0.0004x = \ln 500$$
$$x = \frac{\ln 500}{0.0004} = 15536.5 \fallingdotseq 15537$$

(d) $x = 1000$, 5000, 10000 を代入して,

$$R = 1000 \times 499 = 499000$$
$$R = 5000 \times 496 = 2480000$$
$$R = 10000 \times 467 = 4670000$$

(e)

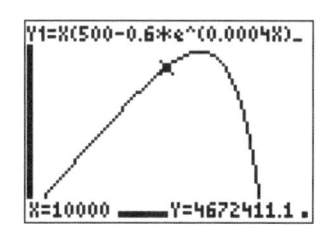

(f) $x = 12357.98 \fallingdotseq 12358$ で $R = 5139309.9 \fallingdotseq 5.14$ 百万

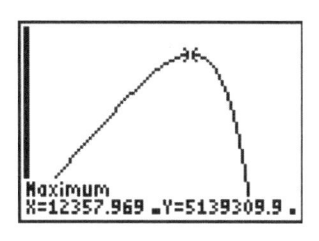

69

◇最後に自然科学や社会科学等でよく登場するロジスティック曲線の例を見てみます.

[問題9]

An equation of the form,

$$N = \frac{a}{1+b \times e^{-ct}}, \quad t \geq 0$$

where a, b and c are positive constants represents a logistic curve. Logistic curves have been found useful when describing a population N that initially grows rapidly, but whose growth rate decreases after t reaches a certain value. A study of the growth of protozoa was found to display these characteristics. It was found that the population was well described if $c = 1.12$, $a = 100$, and t measured time in days.

(a) If the initial population was 5 protozoa, find the value of b.
(b) It was found that the growth rate was a maximum when the population size reached 50. How long did it take for this to occur?
(c) Determine the optimum population size for the protozoa.

(訳)

次の式はロジスティック曲線を表す.（ただし a, b, c は正の定数）

$$N = \frac{a}{1+b \times e^{-ct}}$$

ロジスティック曲線は，急速に成長した後，ある時期から成長率が減衰する現象をモデル化するのに有用である．ある原生動物の t 日後の生息数は，$a=100$，$c=1.12$ としてこの式で表される．

(a) 初期生息数が5のとき，定数 b の値を求めよ．
(b) 生息数が50になったときに最も成長率が高かったが，それまで何

第 4 章　IBDP 数学の内容

日かかったか.

(c) 最適な生息数を決定せよ.

(解答 9)

(a) $N=5$, $t=0$, $a=100$ を代入して,

$$5 = \frac{100}{1+b \times e^0}$$

$$5 = \frac{100}{1+b}$$

$$1+b = 20$$

$$b = 19$$

(b) $N=50$, $b=19$, $c=1.12$ を代入して,

$$50 = \frac{100}{1+19 \times e^{-1.12t}}$$

$$1+19 \times e^{-1.12t} = 2$$

$$19 \times e^{-1.12t} = 1$$

$$e^{-1.12t} = \frac{1}{19}$$

$$-1.12t = \ln\frac{1}{19}$$

$$t = \frac{\ln\frac{1}{19}}{-1.12} = 2.628\cdots \fallingdotseq 2.63$$

(c) 出生数と死亡数が均衡のとれた状態になったときと考えられるので, グラフがほぼ横ばいになったときの N の値を考えればよい. すなわち,

$$N = 100$$

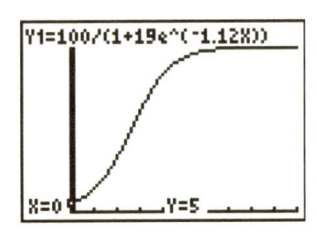

```
Y1=100/(1+19e^(-1.12X))




X=0           Y=5
```

問題10

The height of some particular types of trees can be approximately modelled by the logistic function

$$h = \frac{36}{1 + 200 \times e^{-0.2t}}, \quad t \geq 0$$

where h is the height of the tree measured in metres and t the age of the tree (in years) since it was planted.

(a) Determine the height of the tree when planted.
(b) By how much will the tree have grown in the first year?
(c) How tall will the tree be after 10 years?
(d) How tall will it be after 100 years?
(e) How long will it take for the tree to grow to a height of
  i. 10 metres?
  ii. 20 metres?
  iii. 30 metres?
(f) What is the maximum height that a tree, whose height is modelled by this equation, will reach? Explain your answer.
(g) Sketch a graph representing the height of trees against time for trees whose height can be modelled by the above function.

第4章　IBDP数学の内容

（訳）

　ある樹木が植えられてから t 年後における高さは，ロジスティック関数，

$$h = \frac{36}{1 + 200 \times e^{-0.2t}}$$

で表される．
(a) 植えられたときの高さを求めよ．
(b) はじめの1年でどれほど成長するか．
(c) 10年後の高さを求めよ．
(d) 100年後の高さを求めよ．
(e) 10m，20m，30mになるのに何年かかるか．
(f) 何mまで成長するか．
(g) グラフを書け．

（解答10）
(a) $t=0$ を代入して，

$$h = \frac{36}{1 + 200 \times e^{0}} = 0.179\cdots \fallingdotseq 0.18$$

(b) $t=1$ を代入して，

$$h = \frac{36}{1 + 200 \times e^{-0.2}} = 0.218\cdots \fallingdotseq 0.22$$

$$0.22 - 0.18 = 0.04$$

(c) $t=10$ を代入して，

$$h = \frac{36}{1 + 200 \times e^{-0.2 \times 10}} = 1.282\cdots \fallingdotseq 1.28$$

(d) $t=100$ を代入して,

$$h=\frac{36}{1+200\times e^{-0.2\times 100}}=35.9\cdots \fallingdotseq 36$$

(e) $N=10$ になるためには,

$$10=\frac{36}{1+200\times e^{-0.2t}}$$

$$1+200\times e^{-0.2t}=\frac{36}{10}$$

$$200\times e^{-0.2t}=2.6$$

$$e^{-0.2t}=\frac{2.6}{200}$$

$$-0.2t=\ln\frac{2.6}{200}$$

$$t=\frac{\ln\dfrac{2.6}{200}}{-0.2}=21.71\cdots \fallingdotseq 21.7$$

$N=20$ になるためには,

$$20=\frac{36}{1+200\times e^{-0.2t}}$$

$$1+200\times e^{-0.2t}=\frac{36}{20}$$

$$200\times e^{-0.2t}=0.8$$

$$e^{-0.2t}=\frac{0.8}{200}$$

$$-0.2t=\ln\frac{0.8}{200}$$

第 4 章　IBDP 数学の内容

$$t = \frac{\ln \dfrac{0.8}{200}}{-0.2} = 27.61\cdots \fallingdotseq 27.6$$

$N = 30$ になるためには，

$$30 = \frac{36}{1 + 200 \times e^{-0.2t}}$$

$$1 + 200 \times e^{-0.2t} = \frac{36}{30}$$

$$200 \times e^{-0.2t} = 0.2$$

$$e^{-0.2t} = \frac{0.2}{200}$$

$$-0.2t = \ln \frac{0.2}{200}$$

$$t = \frac{\ln \dfrac{0.2}{200}}{-0.2} = 34.53\cdots \fallingdotseq 34.5$$

(f) グラフがほぼ横ばいになったときの h の値を考えればよい．すなわち，

$$h = 36$$

(g)

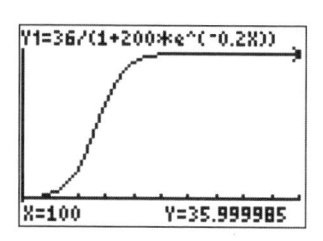

4.4 対数関数のモデル化

例3

The measurement of the magnitude of an earthquake (better known as the Richter scale), where the magnitude R of an earthquake of intensity I is given by

$$R = \log_{10} \frac{I}{I_0}$$

where I_0 is a certain minimum intensity.

(訳)

地震の大きさを測定する方法は,"Richter Scale"として知られている.

地震の強さがIのとき,マグニチュードRは,

$$R = \log_{10} \frac{I}{I_0}$$

で表される[4].ただし,地震の最小の強さをI_0とする.

例4

The measurement of children's weight (better known as The Ehrenberg relation) is given by

$$\log_{10} W = \log_{10} 2.4 + 0.8h$$

where W kg is the average weight for children aged 5 through to 13 years and h is the height measured in metres.

---

[4] マグニチュード (magnitude) とは,地震が発するエネルギーの大きさを表した指標値.1935年,アメリカの地震学者チャールズ・リヒターによって初めて定義された.

第 4 章 IBDP 数学の内容

（訳）

5歳から13歳のこどもの身長と体重の関係は，"Ehrenberg Relation" として知られている．この年代の標準体重 W（単位 kg）と身長 h（単位 m）との関係は，

$$\log_{10}W = \log_{10}2.4 + 0.8h$$

で表される．

例5

The brightness of stars, given by the function

$$m = 6 - 2.5\log_{10}\frac{L}{L_0}$$

where L_0 is the light flux of the faintest star visible to the naked eye (having magnitude 6), and m is the magnitude of brighter stars having a light flux L.

（訳）

星の明るさは等級で表される[5]．肉眼で見える最も暗い星（等級6）の光束を L_0，ある星の光束を L として，その等級 m は，

$$m = 6 - 2.5\log_{10}\frac{L}{L_0}$$

で表される．

問題11

After working through an area of study, students in year 7 sat for a test

---

[5] 天体の等級も英語でマグニチュードと言い，天体の明るさを表す尺度である．等級の値が小さいほど明るい天体であることを示す．また，0等級よりも明るい天体の明るさを表すには負の数を用いる．肉眼で見える最も暗い恒星の等級は6で，例えば火星は －3 等級である．

based on this unit. Over the following two years, the same students were retested on several occasions. The average score was found to be modelled by the function
$$S = 90 - 20\log_{10}(t+1)$$
where t is measured in months.

(a) What was the average score on the first test?
(b) What was the score after
  i. 6 months?
  ii. 2 years?
(c) How long should it be before the test is re-issued, if the average score is to be 80?

(訳)

7年生の生徒がある範囲の学習を終えて試験を実施し,その後2年間の間に何回か再試験をした.tヵ月後の平均点 S は,次の式でモデル化されることがわかった.
$$S = 90 - 20\log_{10}(t+1)$$
(a) 最初の平均点はいくらか.
(b) 6ヵ月後,2年後の平均点はいくらか.
(c) 平均点が80点になるのはいつか.

(解答11)

(a) $t=0$ を代入して,
$$S = 90 - 20\log_{10}1 = 90 - 20 \times 0 = 90$$
(b) $t=6$ を代入して,
$$S = 90 - 20\log_{10}7 = 73.0\cdots = 73$$

$t=24$ を代入して，
$$S = 90 - 20\log_{10} 25 = 62.0\cdots ≒ 62$$
(c) $S=80$ を代入して，
$$80 = 90 - 20\log_{10}(t+1)$$
$$20\log_{10}(t+1) = 10$$
$$\log_{10}(t+1) = \frac{1}{2}$$
$$t+1 = 10^{\frac{1}{2}} = \sqrt{10}$$
$$t = \sqrt{10} - 1 = 2.162\cdots ≒ 2.16$$

◇ここで，グラフ電卓の機能を利用した(c)の解答を見てみましょう．
まず，
$$y = 90 - 20\log_{10}(x+1)$$
のグラフを書きます．

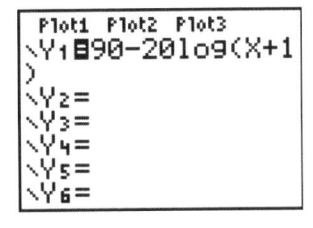

```
Plot1 Plot2 Plot3
\Y1■90-20log(X+1
)
\Y2=
\Y3=
\Y4=
\Y5=
\Y6=
```

```
WINDOW
 Xmin=0
 Xmax=24
 Xscl=1
 Ymin=0
 Ymax=100
 Yscl=1
↓Xres=1
```

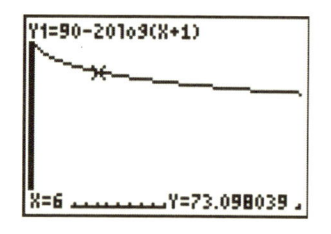

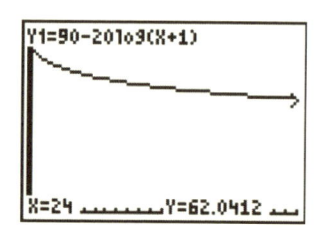

$x=6$ のとき $y=73$, $x=24$ のとき $y=62$ になっています.

次に, $y=80$ のグラフとの交点を求めます.

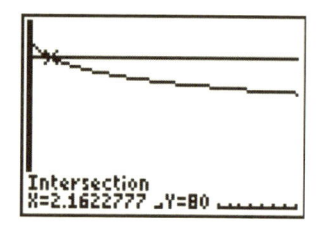

$x=2.16$ のところで交わるので, 80点になるのは 2.16 ヵ月後ということになります.

もっと簡単に求める方法もあります.

Equatin Solver という機能を使います.

Math-->Math-->0:Solver から,

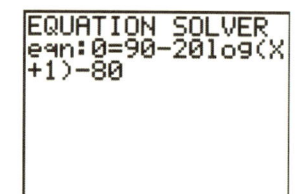

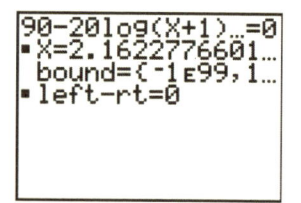

よって解は 2.162… と分かります.

このように, グラフ電卓の機能をよく理解していれば, より早く,

第4章　IBDP 数学の内容

より簡単に正解を得ることができます.

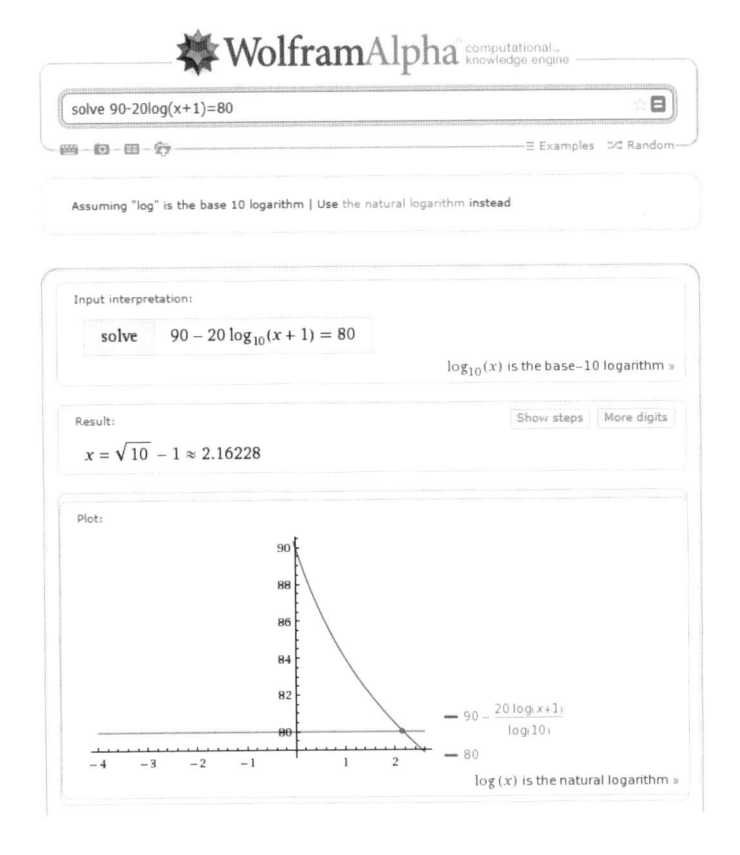

[WolframAlpha screenshot: solve 90-20log(x+1)=80, Result: $x = \sqrt{10} - 1 \approx 2.16228$]

問題12

The loudness of a sound, as experienced by the human ear, is based on its intensity level. This intensity level is modelled by the logarithmic function

$$d = 10\log_{10}\frac{I}{I_0}$$

where d is measured in decibels and corresponds to a sound intensity I and I_0 (known as the threshold intensity) is the value of I that corresponds to be the weakest sound that can be detected by the ear under certain conditions.

(a) Find the value of d when I is 10 times as great as I_0 (i.e. $I = 10I_0$).

(b) Find the value of d when I is 1000 times as great as I_0.

(c) Find the value of d when I is 10000 times as great as I_0.

(訳)

音量 d（単位デシベル）は，音の強さのレベルによって表されるが，人間の耳によって経験的に定められている．ある音の強さを I，人間の感じる最小の音の強さを I_0 とすると，

$$d = 10\log_{10}\frac{I}{I_0}$$

となる．

(a) I が I_0 の10倍のとき，何デシベルか．

(b) 1000倍のときはいくらか．

(c) 10000倍のときはいくらか．

(解答12)

(a) $I = 10I_0$ だから，$I/I_0 = 10$

$$d = 10\log_{10}10 = 10$$

(b) $I = 1000I_0$ だから，$I/I_0 = 1000$

$$d = 10\log_{10}1000 = 30$$

(c) $I = 10000I_0$ だから，$I/I_0 = 10000$

$$d = 10\log_{10}10000 = 40$$

第4章　IBDP数学の内容

問題13

A model, for the relationship between the average weight W kilograms and the height h metres for children aged 5 through to 13 years has been closely approximated by the function
$$\log_{10}W = \log_{10}2.4 + 0.8h$$

(a) Based on this model, determine the average weight of a 10-year-old child who is 1.4 metres tall.
(b) How tall would an 8 year old child weighing 50 kg be?
(c) Find an expression for the weight, W, as a function of h.
(d) Sketch the graph of W kg versus h m.
(e) Hence, or otherwise, sketch the graph of h m versus W kg

(訳)

5歳から13歳のこどもの標準体重 W（単位 kg）と身長 h（単位 m）との関係は，
$$\log_{10}W = \log_{10}2.4 + 0.8h$$
で表される．

(a) 10歳で身長1.4mの場合，標準体重はいくらか．
(b) 8歳で体重50kgの場合，身長はいくらか．
(c) Wをhの関数として表せ．
(d) hに対するWのグラフを書け．
(e) 逆にWに対するhのグラフを書け．

(解答13)

(a) $h = 1.4$を代入して，
$$\begin{aligned}\log_{10}W &= \log_{10}2.4 + 0.8 \times 1.4 \\ &= \log_{10}2.4 + 1.12\end{aligned}$$

$$= \log_{10} 2.4 + \log_{10} 10^{1.12}$$
$$= \log_{10} (2.4 \times 10^{1.12})$$
$$W = 2.4 \times 10^{1.12} = 31.638\cdots \fallingdotseq 31.64$$

(b) $W = 50$ を代入して,
$$\log_{10} 50 = \log_{10} 2.4 + 0.8h$$
$$0.8h = \log_{10} 50 - \log_{10} 2.4$$
$$h = \frac{\log_{10} \dfrac{50}{2.4}}{0.8} = 1.648\cdots \fallingdotseq 1.65$$

(c) W について解くと,
$$\log_{10} W = \log_{10} 2.4 + 0.8h$$
$$\log_{10} W = \log_{10} 2.4 + \log_{10} 10^{0.8h}$$
$$\log_{10} W = \log_{10} (2.4 \times 10^{0.8h})$$
$$W = 2.4 \times 10^{0.8h}$$

(d) (c)の式より,

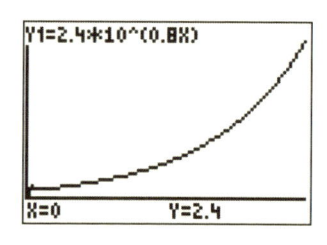

(e) h について解くと,
$$\log_{10} W = \log_{10} 2.4 + 0.8h$$
$$0.8h = \log_{10} W - \log_{10} 2.4$$
$$0.8h = \log_{10} \frac{W}{2.4}$$

第4章 IBDP 数学の内容

$$h = \frac{\log_{10}\frac{W}{2.4}}{0.8}$$

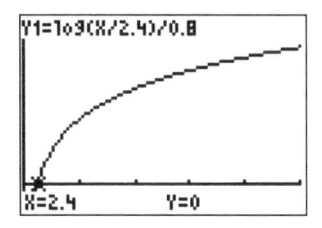

```
Y1=log(X/2.4)/0.8




X=2.4         Y=0
```

問題14

A measure of the 'energy' of a star can be related to its brightness. To determine this 'energy' stars are classified into categories of brightness called magnitudes. Those considered to be the least 'energetic' are labelled as the faintest stars. Such stars have a light flux given by L_0, and are assigned a magnitude 6. Other brighter stars having a light flux L are assigned a magnitude m by means of the formula

$$m = 6 - 2.5\log_{10}\frac{L}{L_0}$$

(a) Find the magnitude m of a star, if relative to the faintest star, its light flux L is such that $L = 10^{0.5}L_0$.
(b) Find an equation for L in terms of m and L_0.
(c) Sketch the general shape of the function for L (as a function of m).

(訳)

星の等級 m は,肉眼で見える最も暗い星(等級6)の光束を L_0,ある星の光束を L として,

85

$$m = 6 - 2.5\log_{10}\frac{L}{L_0}$$

で表される.

(a) $L = 10^{0.5}L_0$ のとき,等級 m を求めよ.

(b) L を m と L_0 で表せ.

(c) m の関数として L のグラフを書け.逆に,L の関数として m のグラフを書け.

(解答14)

(a) $L = 10^{0.5}L_0$ より,$L/L_0 = 10^{0.5}$ だから,
$$m = 6 - 2.5\log_{10}10^{0.5} = 6 - 2.5 \times 0.5 = 4.75$$

(b) L について解くと,

$$m = 6 - 2.5\log_{10}\frac{L}{L_0}$$

$$2.5\log_{10}\frac{L}{L_0} = 6 - m$$

$$\log_{10}\frac{L}{L_0} = \frac{6-m}{2.5}$$

$$\frac{L}{L_0} = 10^{\frac{6-m}{2.5}}$$

$$L = L_0 \times 10^{\frac{6-m}{2.5}}$$

(c)

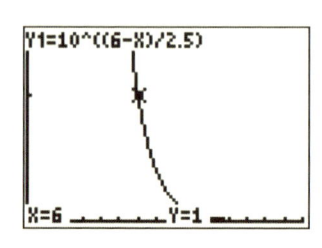

```
Y1=10^((6-X)/2.5)




       *


X=6          Y=1
```

第4章　IBDP数学の内容

(d)

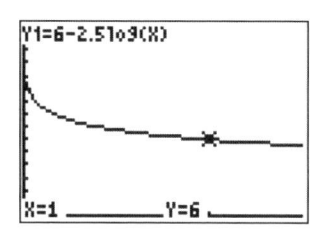

```
Y1=6-2.5log(X)




X=1              Y=6
```

問題15

For some manufacturers, it is important to consider the failure time of their computer chips. For Multi-Chips Pty Ltd, the time taken before a fraction x of their computer chips fail has been approximated by the logarithmic function

$$t = -\frac{1}{c} \log_{10}(1-x)$$

where c is some positive constant and time t is measured in years.

(a) Define the domain for this function.
(b) Determine how long will it be before 40% of the chips fail, when
　ⅰ．c = 0.1
　ⅱ．c = 0.2
　ⅲ．c = 0.3
(c) How does the value of c affect the reliability of a chip?
(d) Find an expression for the fraction x of chips that will fail after t years.
(e) For the case where $c = 0.10$, sketch the graph of x versus t. Hence, sketch the graph of $t = -1/c\log_{10}(1-x)$ where $c = 0.10$.

(訳)

　ある製品はそのコンピューターチップ（集積回路）の故障時間を考

えることが重要である．ある会社では，全体のうち x（割合）が故障するまでの時間（単位は年）を，

$$t = -\frac{1}{c} \log_{10}(1-x)$$

で表している（ただし，c は正の定数）．

(a) 定義域を述べよ．

(b) $c=0.1$，$c=0.2$，$c=0.3$ のとき，40％が故障するまでの時間を求めよ．

(c) 定数 c はチップの信頼度とどんな関係があるか．

(d) x を t の式で表せ．

(e) $c=0.1$ のとき，t に対する x のグラフを書け．逆に，x に対する t のグラフを書け．

(解答15)

(a) $x > 0$，$1-x > 0$ だから，$0 < x < 1$

(b) $x=0.4$ になるまでの t を求めます．

$c=0.1$ のとき，

$$t = -\frac{1}{0.1}\log_{10}(1-0.4) = -10\log_{10}0.6 = 2.218\cdots \fallingdotseq 2.22$$

$c=0.2$ のとき，

$$t = -\frac{1}{0.2}\log_{10}(1-0.4) = -5\log_{10}0.6 = 1.109\cdots \fallingdotseq 1.11$$

$c=0.3$ のとき，

$$t = -\frac{1}{0.3}\log_{10}(1-0.4) = -\frac{10}{3}\log_{10}0.6 = 0.739\cdots \fallingdotseq 0.74$$

(c) c の値の低い方が，同じ割合だけ故障するまでの時間が長いので信頼度が高いといえます．

第4章　IBDP 数学の内容

(d) x について解くと,

$$t = -\frac{1}{c} \log_{10}(1-x)$$

$$\log_{10}(1-x) = -ct$$

$$1 - x = 10^{-ct}$$

$$x = 1 - 10^{-ct}$$

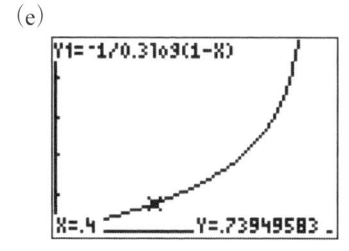

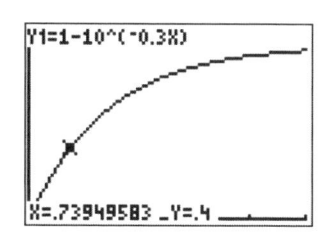

(e)

問題16

Logarithms have been found useful in modelling economic situations in some countries. Pareto's law for capitalist countries states that the relationship between annual income, \$ I and the number, n, of individuals whose income exceeds \$ I is approximately
modelled by the function

$$\log_{10} I = \log_{10} a - k \log_{10} n$$

where a and k are real positive constants.

(a) Find and expression for I that does not involve logarithms.

(b) By varying the values of a and k, describe their effects on

　ⅰ. the income \$ I.

　ⅱ. the number of people whose income exceeds \$ I.

(訳)

国の経済状態をモデル化するのにも対数が役立つ．資本主義国におけるパレートの法則[6]は，ある年収 $I とその額を超える年収を稼ぐ人数 n との関係を表しており，次の式でモデル化される（a と k は正の定数）．

$$\log_{10} I = \log_{10} a - k \log_{10} n$$

(a) I を n の式で表せ．

(b) a と k がいろいろ変わることによる，I への影響，n への影響を述べよ．

(解答 16)

(a) I について解くと，

$$\log_{10} I = \log_{10} a - k \log_{10} n$$

$$\log_{10} I = \log_{10} a - \log_{10} n^k$$

$$\log_{10} I = \log_{10} \frac{a}{n^k}$$

$$I = \frac{a}{n^k}$$

(b) $k=1$ のときは，$I = a/n$ となり，I と n は反比例の関係になります．つまり，年収額が2倍になると，それを超える額を稼ぐ人の数は 1/2 になるということです．実際はその通りにいかないので，a と k の値を変えることにより，その国の経済状態に近い数式で表すことになります．a と k の値をいろいろ変えても，I は n^k に反比例するので，グラフは反比例に似た形になります．

---

[6] イタリアの経済学者パレートが発見した所得分布の経験則で，別名2：8の法則とも言われる．全体の2割程度の高額所得者が社会全体の所得の約8割を占めるという法則．

第4章 IBDP 数学の内容

問題17

After prolonged observations of our environment, it became obvious that the thickness of the ozone layer had being affected by the production of waste that had taken place over many years. The thickness of the ozone layer has been estimated by making use of the function

$$\log_{10} \lambda_0 - \log_{10} \lambda = kx$$

where λ_0 is the intensity of a particular wavelength of light from the sun before it reaches the atmosphere, λ is the intensity of the same wavelength after passing through a layer of ozone x centimetres thick, and k is the absorption constant of ozone for that wavelength.

The following table has some results based on available data for one region of the Earth's atmosphere:

$$\lambda_0 = 3200 \times 10^{-8}, \quad k \doteqdot 0.40, \quad \lambda_0/\lambda = 1.10$$

(a) Based on the above table, find the approximate thickness of the ozone layer in this region of the atmosphere, giving your answer to the nearest hundredth of a centimetre.

(b) Obtain an expression for the intensity λ, in terms of k, λ_0 and x.

(c) What would the percentage decrease in the intensity of light with a wavelength of 3200×10^{-8} cm be, if the ozone layer is 0.20 centimetre thick?

(d) For a fixed value of λ_0, how does k relate to the intensity?

(訳)

環境の観測を長く続けたところ，オゾン層の厚さは，長年に渡って排出されてきたものに影響を受けていることが明らかになった．オゾン層の厚さは，関係式，

$$\log_{10} \lambda_0 - \log_{10} \lambda = kx$$

で求められてきた[7]．ただし，λ_0 は太陽から大気圏に達するまでのある波長の光の強さ，λ は x cm の厚さのオゾン層を通過した後の同じ波長の光の強さ，k はその波長に対するオゾンの吸収係数である．大気圏の中のある地域で得られたデータでは，

$$\lambda_0 = 3200 \times 10^{-8}, \quad k \fallingdotseq 0.40, \quad \lambda_0 / \lambda = 1.10$$

となった．

(a) この地域のオゾン層の厚さを求めよ（小数第2位まで）．

(b) λ を k，λ_0，x で表せ．

(c) オゾン層の厚さが 0.20 cm の地域では，光の量は何％減少するか．

(d) λ_0 が固定されているとき，k は λ にどう関係しているか．

(解答 17)

(a) $\lambda_0 / \lambda = 1.10$，$k = 0.40$ を代入して，

$$\log_{10} \lambda_0 - \log_{10} \lambda = kx$$

$$\log_{10} \frac{\lambda_0}{\lambda} = kx$$

$$\log_{10} 1.1 = 0.4x$$

$$x = \frac{\log_{10} 1.1}{0.4} = 0.103\cdots \fallingdotseq 0.10$$

(b) λ について解くと，

$$\log_{10} \lambda_0 - \log_{10} \lambda = kx$$

$$\log_{10} \frac{\lambda_0}{\lambda} = kx$$

$$\frac{\lambda_0}{\lambda} = 10^{kx}$$

---

[7] ランベルト・ベールの法則（Lambert-Beer law）という．

$$\frac{\lambda}{\lambda_0} = 10^{-kx}$$

$$\lambda = \lambda_0 \times 10^{-kx}$$

(c) $x = 0.2$ とすると,

$$\lambda = \lambda_0 \times 10^{-0.4 \times 0.2}$$

$$\frac{\lambda}{\lambda_0} = 10^{-0.08} = 0.83176\cdots \fallingdotseq 0.8318$$

$$1 - 0.8318 = 0.1682$$

$$16.82\%$$

(d) k について解くと,

$$\log_{10} \lambda_0 - \log_{10} \lambda = kx$$

$$kx = \log_{10} \frac{\lambda_0}{\lambda}$$

$$k = \frac{1}{x} \log_{10} \frac{\lambda_0}{\lambda}$$

$$k = -\frac{1}{x} \log_{10} \frac{\lambda}{\lambda_0}$$

となるので,x も一定だとすれば,k の値が大きくなると,λ の値は小さくなります.(すなわち,吸収係数が大きくなるとオゾン層通過後の光の強さは小さくなります.)

4.5 三角関数のモデル化

三角関数は周期的な現象のモデル化に役に立ちます.通常,実験で測定されたデータから始まり,次に実験データをモデル化する関数を見つけます.これがいったん決まれば,測定データからなくなった値

や，実験データ外の値を予測するのに利用できます．実際の現象をモデル化するので，周期が時間など角度以外の量になる例が多数登場します．

問題 18

The table shows the depth of water at the end of a pier at various times (measured, in hours after midnight on the first day of the month.)

t(hr)	0	3	6	9	12	15	18	21	24	27	30	33
d(m)	16	17.5	16.5	15	15.6	17.3	17.1	15.3	15.1	16.8	17.4	15.9

Plot the data as a graph. Use your results to find a rule that models the depth data. Use your model to predict the time of the next high tide.

(訳)

ある桟橋の終点において，月の初日の午前0時から3時間ごとに水深 d を測定して表にした．

(a) グラフに点をとれ．

(b) このデータをモデル化せよ．

(c) 次の満潮の時刻を予測せよ．

(解答18)

(a) ただ点をとるだけだと，下左図のようになりますが，線分でつなぐと下右図のようになります．

第4章　IBDP 数学の内容

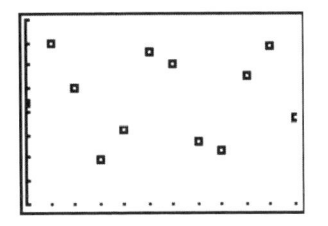

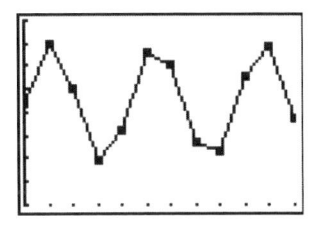

(b) これらのデータをもとに

$$d = a \sin b(t-p) + q$$

の形で近似してみましょう．

まず振幅 a ですが，データの最大値と最小値が実際のそれらにほぼ近いとすると，それらの差を2で割って，

$$a = (17.49 - 14.98)/2 = 1.255 \fallingdotseq 1.3$$

次に周期 $2\pi/b$ は，グラフから判断して，$t=3$ の次に最大値をとるのが，$t=15$ の少し後と $t=30$ の少し前なので，$t=3$，16，29のときだとすれば，周期はほぼ13と推測できます．よって，$b=2\pi/13$ となります．

d 軸方向の平行移動 q は，最大値と最小値の中間の値なので，

$$q = (17.49 + 14.98)/2 = 16.235 \fallingdotseq 16.2$$

$t=0$ のとき $d=16$ ですが，これは 16.2 に近く，t 軸方向の平行移動はほとんどないので $p=0$ としていいでしょう．

従って，$d = a \sin b(t-p) + q$ の形でモデル化すると，次の式になります．

$$d = 1.3 \sin \frac{2\pi}{13} t + 16.2$$

このグラフを先ほどとった点に重ねると，下図のようになります．

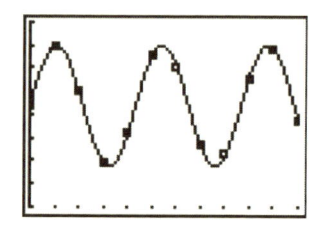

```
Plot1  Plot2  Plot3
\Y1■1.3sin(2π/13
(X-0))+16.2
\Y2=
\Y3=
\Y4=
\Y5=
\Y6=
```

(c) 29＋13＝42 なので，ほぼ42時間後になります．

因みにグラフ電卓の回帰曲線を求めるコマンド SinReg を使って，最もデータに近い式を求めてみるとこうなります．(b)で求めた式はけっこういい式だといえます．

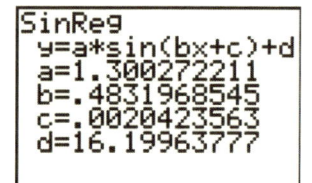

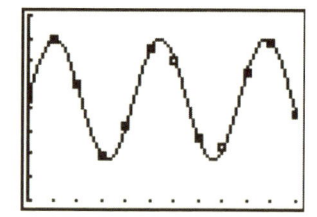

```
SinReg
y=a*sin(bx+c)+d
a=1.300272211
b=.4831968545
c=.0020423563
d=16.19963777
```

問題19

During the summer months, a reservoir supplies water to an outer suburb based on the water demand

$$D(t) = 120 + 60\sin\frac{\pi}{90}t, \quad 0 \leq t \leq 90$$

where t measures the number of days from the start of Summer (which lasts for 90 days).

(a) Sketch the graph of $D(t)$.

(b) What are the maximum and minimum demands made by the community

第 4 章　IBDP 数学の内容

over this period?

（訳）

　夏の3ヵ月の間，貯水池から郊外への水の供給量 D はその需要によって変わっていき，t を日数として次の式で表される．

$$D(t) = 120 + 60\sin\frac{\pi}{90}t, \quad 0 \leq t \leq 90$$

(a) D(t) のグラフを書け．
(b) この期間の最大供給量と最小供給量を求めよ．

（解答19）
(a) 振幅60，周期90，x 軸方向の平行移動0，y 軸方向の平行移動120の正弦曲線になります．

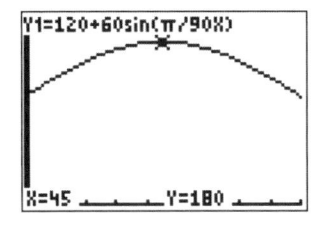

```
Y1=120+60sin(π/90X)




X=45        Y=180
```

(b) グラフより，最大供給量は180，最小供給量は120．

問題20

　When a person is at rest, the blood pressure, P millimetres of mercury at any time t seconds can be approximately modelled by the equation

$$P(t) = -20\cos\frac{5\pi}{3}t + 100, \quad 0 \leq t$$

(a) Determine the amplitude and period of P.

97

(b) What is the maximum blood pressure reading that can be recorded for this person?

(c) Sketch the graph of $P(t)$, showing one full cycle.

(d) Find the first two times when the pressure reaches a reading of 110 mmHg.

(訳)

ある人の安静時の t 秒間での血圧 P (mmHg) は，次の式でモデル化できる．

$$P(t) = -20\cos\frac{5\pi}{3}t + 100, \quad 0 \leq t$$

(a) P の振幅と周期を答えよ．

(b) この人の最大血圧はいくらか．

(c) $P(t)$ のグラフを，1周期書け．

(d) 血圧が110mmHg になる最初の2回の時刻を求めよ．

(解答20)

(a) 振幅は20mmHg, 周期は $2\pi/(5\pi/3) = 6/5 = 1.2$ 秒

(b) $100 + 20 = 120$mmHg

(c)

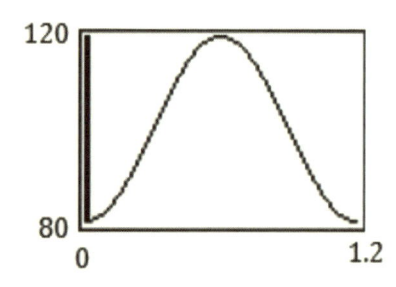

第 4 章　IBDP 数学の内容

(d) $P = 110$ を代入して,

$$110 = -20\cos\frac{5\pi}{3}t + 100$$

$$20\cos\frac{5\pi}{3}t = -10$$

$$\cos\frac{5\pi}{3}t = -\frac{1}{2}$$

$$\frac{5\pi}{3}t = \frac{2\pi}{3}, \ \frac{4\pi}{3}$$

$$t = \frac{2}{5}, \ \frac{4}{5}$$

問題21

The table shows the temperature in an office block over a 36 hour period.

t(hr)	0	3	6	9	12	15	18	21	24	27	30	33	36
T℃	18.3	15	14.1	16	19.7	23	23.9	22	18.3	15	14.1	16	19.7

(a) Estimate the amplitude, period, horizontal and vertical translations.
(b) Find a rule that models the data.
(c) Use your rule to predict the temperature after 40 hours.

(訳)

ある職場の一室の気温 T を 36 時間測定して表にした.

(a) 振幅, 周期, および水平方向・垂直方向の平行移動量を求めよ.
(b) このデータをモデル化せよ.
(c) 40 時間後の気温を予測せよ.

（解答21）

(a) これらのデータをもとに
$$T = a \sin b(t-p) + q$$
の形で近似してみましょう．

まず振幅 a ですが，データの最大値と最小値が実際のそれらにほぼ近いとすると，それらの差を2で割って，
$$a = (23.9 - 14.1)/2 = 4.9 \fallingdotseq 5$$

次に周期 $2\pi/b$ は，グラフから判断して，$t=6$ の次に最小値をとるのが，$t=30$ なので，周期はほぼ24と推測できます．よって，$b = 2\pi/24 = \pi/12$ となります．

T 軸方向の平行移動 q は，最大値と最小値の中間の値なので，
$$q = (23.9 + 14.1)/2 = 19$$

t 軸方向の平行移動は，$t=12$ のとき $T=19.7$ となってその後増加しているので，そのときより少し手前と考えると，$p=11$ としていいでしょう．

(b) 従って，$T = a \sin b(t-p) + q$ の形でモデル化すると，次の式になります．
$$T = 5\sin \frac{\pi}{12}(t-11) + 19$$

(c) $t=40$ を代入して，
$$T = 5\sin \frac{\pi}{12}(40-11) + 19 = 23.82\cdots \fallingdotseq 23.8$$

問題22

The table shows the light level (L) during an experiment on dye fading.

t(hr)	0	1	2	3	4	5	6	7	8	9	10
L	6.6	4	7	10	7.5	4.1	6.1	9.8	8.3	4.4	5.3

第4章　IBDP 数学の内容

(a) Estimate the amplitude, period, horizontal and vertical translations.
(b) Find a rule that models the data.

(訳)

染料が色あせる実験での光のレベル L を表にした.

(a) 振幅，周期，および水平方向・垂直方向の平行移動量を求めよ．
(b) このデータをモデル化せよ．

(解答22)

(a) これらのデータをもとに
$$L = a \sin b(t-p) + q$$
の形で近似してみましょう．

まず振幅 a ですが，データの最大値と最小値が実際のそれらにほぼ近いとすると，それらの差を2で割って，
$$a = (10-4)/2 = 3$$

次に周期 $2\pi/b$ は，グラフから判断して，$t=1$ の次に最小値をとるのが，$t=5$ の少し後と，$t=9$ のもう少し後なので，周期は4より少しだけ大きい4.2ぐらいと推測できます．よって，$b = 2\pi/4.2 = \pi/2.1$ となります．

L 軸方向の平行移動 q は，最大値と最小値の中間の値なので，
$$q = (10+4)/2 = 7$$

t 軸方向の平行移動は，$t=2$ のとき $L=7$ となってその後増加しているので，$p=2$ としていいでしょう．

(b) 従って，$L = a \sin b(t-p) + q$ の形でモデル化すると，次の式になります．

$$L = 3 \sin \frac{\pi}{2.1}(t-2) + 7$$

問題23

The table shows the value in \$s of an industrial share over a 20 month period.

Month	0	2	4	6	8	10	12	14	16	18	20
Value	7	11.5	10.8	5.6	2.1	4.3	9.7	11.9	8.4	3.2	2.5

(a) Estimate the amplitude, period, horizontal and vertical translations.
(b) Find a rule that models the data.

(訳)

ある会社の工業株の20ヵ月間の推移を表にした.

(a) 振幅,周期,および水平方向・垂直方向の平行移動量を求めよ.
(b) このデータをモデル化せよ.

(解答23)
(a) まず点をとってみます.

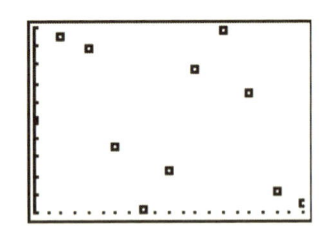

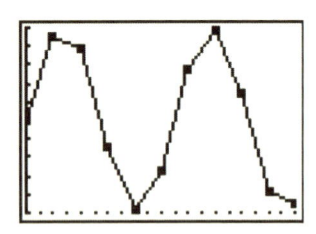

これらのデータをもとに
$$V = a \sin b(t-p) + q$$
の形で近似してみましょう.

まず振幅 a ですが,データの最大値と最小値が実際のそれらにほぼ

第4章　IBDP 数学の内容

近いとすると，それらの差を2で割って，

$$a = (11.9 - 2.1)/2 = 4.9 \fallingdotseq 5$$

次に周期$2\pi/b$は，グラフから判断して，$t=2$の少し後に最大値をとった後，$t=14$のときが次の最大値なので，周期は12より少しだけ小さい11ぐらいと推測できます．よって，$b = 2\pi/11$となります．

V軸方向の平行移動qは，最大値と最小値の中間の値なので，

$$q = (11.9 + 2.1)/2 = 7$$

t軸方向の平行移動は，$t=0$のとき$L=7$なので，$p=0$としていいでしょう．

(b) 従って，$V = a \sin b(t-p) + q$の形でモデル化すると，次の式になります．

$$V = 5\sin\frac{2\pi}{11}t + 7$$

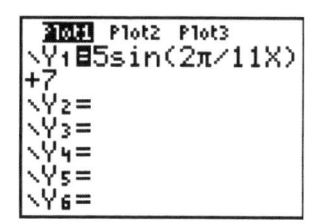

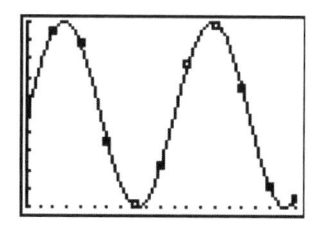

問題24

The table shows the population (in thousands) of a species of fish in a lake over a 22 year period.

Year	0	2	4	6	8	10	12	14	16	18	20	22
Pop	11	12.1	13	12.7	11.6	11	11.6	12.7	13	12.1	11.2	11.2

(a) Estimate the amplitude, period, horizontal and vertical translations.

(b) Find a rule that models the data.

(訳)

ある池の魚の生息数（単位千）を22年間調査して表にした．
(a) 振幅，周期，および水平方向・垂直方向の平行移動量を求めよ．
(b) このデータをモデル化せよ．

(解答24)
(a) これらのデータをもとに
$$P = a \sin b(t-p) + q$$
の形で近似してみましょう．

まず振幅 a ですが，データの最大値と最小値が実際のそれらにほぼ近いとすると，それらの差を2で割って，
$$a = (13 - 11)/2 = 1$$

次に周期 $2\pi/b$ は，グラフから判断して，$t=4$ の後に最大値13をとるのが，$t=16$ のときですが，最小値の11をとるのが $t=0$ の次が $t=10$ になっているので，周期は12と11の間で11ぐらいと推測できます．よって，$b = 2\pi/11$ となります．

P 軸方向の平行移動 q は，最大値と最小値の中間の値なので，
$$q = (13 + 11)/2 = 12$$

t 軸方向の平行移動は，$t=2$ のとき $P=12.1$ なので，それより少し前の $p=1$ としていいでしょう．

(b) 従って，$P = a \sin b(t-p) + q$ の形でモデル化すると，次の式になります．
$$P = \sin \frac{2\pi}{11}(t-1) + 12$$

第4章　IBDP数学の内容

問題25

The table shows the average weekly sales (in thousands of \$s) of a small company over a 15 year period.

Time	0	1.5	3	4.5	6	7.5	9	10.5	12	13.5	15
Sales	3.5	4.4	7.7	8.4	5.3	3.3	5.5	8.5	7.6	4.3	3.6

(a) Estimate the amplitude, period, horizontal and vertical translations.
(b) Find a rule that models the data.

(訳)

ある小さな会社の15年間の平均週間売上額（単位1000\$）を表にした．
(a) 振幅，周期，および水平方向・垂直方向の平行移動量を求めよ．
(b) このデータをモデル化せよ．

(解答25)
(a) これらのデータをもとに

$$S = a \sin b(t-p) + q$$

の形で近似してみましょう．

まず振幅 a ですが，データの最大値と最小値が実際のそれらにほぼ近いとすると，それらの差を2で割って，

$$a = (8.5 - 3.3)/2 = 2.6$$

次に周期 $2\pi/b$ は，グラフから判断して，$t=4.5$ の後に最大値8.5をとるのが，$t=10.5$ のときですが，最小値をとるのが $t=0$, $t=7.5$, $t=15$ になっているので，周期は7.5と6の間でほぼ7ぐらいと推測できます．よって，$b = 2\pi/7$ となります．

P 軸方向の平行移動 q は，最大値と最小値の中間の値なので，

$$q = (8.5 + 3.3)/2 = 5.9 \fallingdotseq 6$$

t 軸方向の平行移動は,$t = 1.5$のとき$S = 4.4$で,$t = 3$のとき$S = 7.7$なので,それより少し前の$p = 2$としていいでしょう.

(b) 従って,$S = a \sin b(t - p) + q$ の形でモデル化すると,次の式になります.

$$S = 2.6 \sin \frac{2\pi}{7}(t - 2) + 6$$

問題26

The table shows the average annual rice production, P, (in thousands of tonnes) of a province over a 10 year period.

t(y)	0	1	2	3	4	5	6	7	8	9	10
P	11	11.6	10.7	10.5	11.5	11.3	10.4	11	11.6	10.7	10.5

(a) Estimate the amplitude, period, horizontal and vertical translations.
(b) Find a rule that models the data.

(訳)

ある地方の10年間の平均年間米生産量 P(単位1000トン)を表にした.
(a) 振幅,周期,および水平方向・垂直方向の平行移動量を求めよ.
(b) このデータをモデル化せよ.

(解答26)
(a) これらのデータをもとに
$$P = a \sin b(t - p) + q$$
の形で近似してみましょう.

まず振幅aですが,データの最大値と最小値が実際のそれらにほぼ

第4章　IBDP 数学の内容

近いとすると，それらの差を2で割って，

$$a = (11.6 - 10.4)/2 = 0.6$$

次に周期 $2\pi/b$ は，グラフから判断して，$t=1$ の後に最大値をとるのが，$t=4$, $t=8$ のときですから，3 と 4 の間で 3.5 ぐらいと推測できます．よって，$b = 2\pi/3.5 = 4\pi/7$ となります．

P 軸方向の平行移動 q は，最大値と最小値の中間の値なので，

$$q = (11.6 + 10.4)/2 = 11$$

t 軸方向の平行移動は，$t=0$ のとき $P=11$ でその後増加しているので，$p=0$ としていいでしょう．

(b) 従って，$P = a \sin b(t-p) + q$ の形でモデル化すると，次の式になります．

$$P = 0.6 \sin \frac{4\pi}{7} t + 11$$

問題27

The population (in thousands) of a species of butterfly in a nature sanctuary is modelled by the function:

$$P = 3 + 2\sin \frac{3\pi}{8} t, \quad 0 \leq t \leq 12$$

where t is the time in weeks after scientists first started making population estimates.

(a) What is the initial population?

(b) What are the largest and smallest populations?

(c) When does the population first reach 4 thousand butterflies?

(訳)

　ある自然保護区において，科学者が初めて調査してから t 週間後の

蝶の生息数 P（単位千頭）は，次の式でモデル化される．

$$P = 3 + 2\sin\frac{3\pi}{8}t, \quad 0 \leq t \leq 12$$

(a) 初めの生息数はいくらか．

(a) 最大生息数と最小生息数はいくらか．

(c) 生息数が4000になるのはいつか．

(解答27)

(a) $t=0$ を代入して，

$$P = 3 + 2\sin 0 = 3$$

3千頭

(b) 正弦の値域は-1以上1以下なので，P の最大は $3+2=5$ となり，最大生息数は5千頭になります．また，P の最小は $3-2=1$ となり，最小生息数は1千頭になります．

(c) $P=4$ を代入して，

$$4 = 3 + 2\sin\frac{3\pi}{8}t$$

$$\sin\frac{3\pi}{8}t = \frac{1}{2}$$

$$\frac{3\pi}{8}t = \frac{\pi}{6}$$

$$t = \frac{\pi}{6} \times \frac{8}{3\pi} = \frac{4}{9}$$

4/9 週間後

問題28

A water wave passes a fixed point. As the wave passes, the depth of the

第4章　IBDP 数学の内容

water (D metres) at time t seconds is modelled by the function:

$$D = 7 + \frac{1}{2}\cos\frac{2\pi}{5}t, \quad 0 \leq t$$

(a) What are the greatest and smallest depths?
(b) Find the first two times at which the depth is 6.8 metres.

(訳)

ある地点を通過する波の，ある時刻から t 秒後の水深 D（単位 m）は，次の式でモデル化される．

$$D = 7 + \frac{1}{2}\cos\frac{2\pi}{5}t, \quad 0 \leq t$$

(a) 最大水深と最小水深はいくらか．
(b) 水深が6.8mになる最初の2回の時刻を求めよ．

(解答28)

(a) 余弦の値域は-1以上1以下なので，Dの最大は$7+1/2=7.5$となり，Dの最小は$7-1/2=6.5$になります．

(b) $D=6.8$を代入して，

$$6.8 = 7 + \frac{1}{2}\cos\frac{2\pi}{5}t$$

$$\frac{1}{2}\cos\frac{2\pi}{5}t = -0.2$$

$$\cos\frac{2\pi}{5}t = -0.4$$

$$\frac{2\pi}{5}t = \arccos(-0.4)$$

$$t = \frac{5}{2\pi} \arccos(-0.4) = 1.577\cdots$$

1回目は1.58秒後

（注）arccos(-0.4)は，cos$t = -0.4$を満たすt $(0 \le t \le \pi)$を表します．

余弦のグラフは1周期内で左右対称で，周期は$5/2\pi \times 2\pi = 5$だから，2回目の時刻は，$5 - 1.58 = 3.42$すなわち3.42秒後．

因みにグラフ電卓のコマンドIntersectを使って，D＝6.8とのグラフの交点を求めるとこうなります．

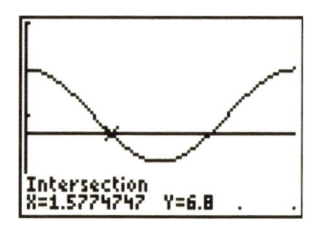

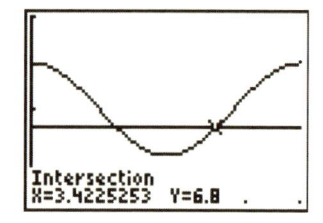

[問題29]

The weekly sales (S) (in hundreds of cans) of a soft drink outlet is modelled by the function:

$$S = 13 + 5.5\cos\left(\frac{\pi}{6}t - 3\right), \quad 0 \le t$$

t is the time in months with $t = 0$ corresponding to January 1st 1990,

(a) Find the minimum and maximum sales during 1990.
(b) Find the value of t for which the sales first exceed 1500 (S = 15).
(c) During which months do the weekly sales exceed 1500 cans?

第 4 章　IBDP 数学の内容

(訳)

　ある清涼飲料水の，1990年1月1日から t ヵ月後の週間売上量（単位百カン）は，次の式でモデル化される．

$$S = 13 + 5.5\cos\left(\frac{\pi}{6}t - 3\right), \quad 0 \leq t$$

(a) 1990年の最小売上量と最大売上量を求めよ．
(b) 何ヵ月後に売上量が1500カン（$S = 15$）を超えるか．
(c) 何ヵ月後から何ヵ月後まで週間売上量が1500カンを超えているか．

(解答29)

(a) 余弦の値域は -1 以上 1 以下なので，S の最小は $13 - 5.5 = 7.5$ すなわち最小売上量750カンとなり，S の最大は $13 + 5.5 = 18.5$ すなわち最大売上量1850カンとなります．

(b) $S = 15$ を代入して，

$$15 = 13 + 5.5\cos\left(\frac{\pi}{6}t - 3\right)$$

$$5.5\cos\left(\frac{\pi}{6}t - 3\right) = 2$$

$$\cos\left(\frac{\pi}{6}t - 3\right) = \frac{4}{11}$$

$$\frac{\pi}{6}t - 3 = \arccos\frac{4}{11}$$

$$t = \frac{6}{\pi}\left(\arccos\frac{4}{11} + 3\right)$$

$$t = 8.018\cdots$$

111

ところがこれは正解ではありません．グラフを見てください．

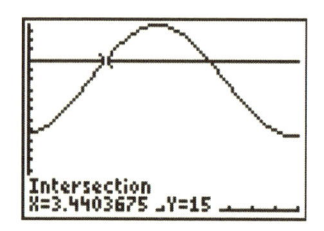

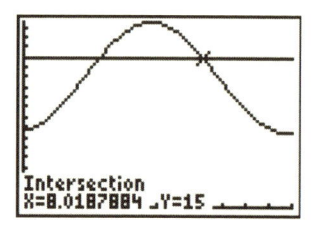

```
Intersection
X=3.4403675  Y=15

Intersection
X=8.0187884  Y=15
```

というわけで，上の計算で求めた t は2回目に $S=15$ になる時で，最初に $S=15$ となるのは $t \doteqdot 3.44$ の時すなわち3.44ヵ月後になります．

(c) (b)の結果より，$3.4 \leq t \leq 8.0$ すなわち4月中頃から8月末頃まで．

問題30

The rabbit population, $R(t)$ thousands, in a northern region of South Australia is modelled by the equation

$$R(t) = 12 + 3\cos\frac{\pi}{6}t, \quad 0 \leq t \leq 24$$

where t is measured in months after the first of January.

(a) What is the largest rabbit population predicted by this model?
(b) How long is it between the times when the population reaches consecutive peaks?
(c) Sketch the graph of $R(t)$ for $0 \leq t \leq 24$.
(d) Find the longest time span for which $R(t) \geq 13.5$.
(e) Give a possible explanation for the behaviour of this model.

(訳)

南オーストラリア北部において，1月1日から t ヵ月後のうさぎの生息数 R（単位1000羽）は，次の式でモデル化される．

第4章　IBDP数学の内容

$$R(t) = 12 + 3\cos\frac{\pi}{6}t, \quad 0 \leq t \leq 24$$

(a) このモデルで予測できるうさぎの最大生息数はいくらか．
(b) ある最大生息数と次の最大生息数までの期間は何ヵ月か．
(c) $0 \leq t \leq 24$ の $R(t)$ のグラフを書け．
(d) $R(t) \geq 13.5$ となる最大期間は何ヵ月か．
(e) このモデルの特徴を述べよ．

(解答30)
(a) 余弦の値域は -1 以上 1 以下なので，R の最大は $12 + 3 = 15$ すなわち15000羽になります．
(b) 周期は，$6/\pi \times 2\pi = 12$ ヵ月
(c)

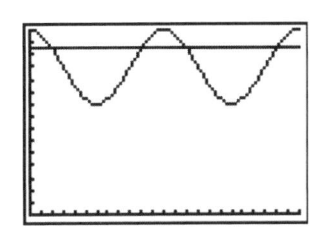

(d)

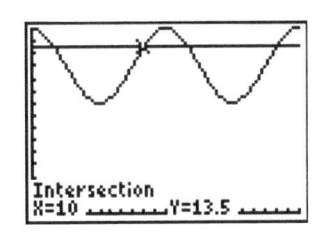

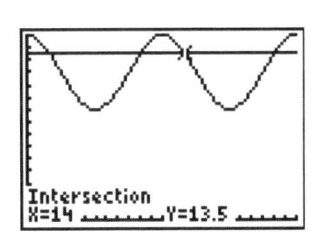

よって，$14 - 10 = 4$ すなわち4ヵ月．

(e) 周期は12ヵ月（1年間）で，最大15000羽，最小9000羽を繰り返す．

4.6 割三角関数と逆三角関数

割三角関数（Reciprocal Trigonometric Function）は，日本の高校数学では扱われませんが，意味はいたって簡単で，三角関数の逆数です．

$$\operatorname{cosec}\theta = \csc\theta = \frac{1}{\sin\theta} \qquad \sec\theta = \frac{1}{\cos\theta} \qquad \cot\theta = \frac{1}{\tan\theta}$$

と定義されます．上から余割関数（cosecant），正割関数（secant），余接関数（cotangent）といいます．

[問題31]

The angle θ satisfies the equation
$$\tan^2\theta - \sec\theta - 11 = 0$$
where θ is in the second quadrant. Find the exact value of $\sec\theta$.

(訳)

角 θ が次の等式を満たしている．θ が第2象限にあるとき，$\sec\theta$ の値を求めよ．
$$2\tan^2\theta - 5\sec\theta - 11 = 0$$

(解答31)

$\tan^2\theta = \sec^2\theta - 1$ だから，与式は
$$2(\sec^2\theta - 1) - 5\sec\theta - 11 = 0$$
$$\sec^2\theta - \sec\theta - 12 = 0$$
$$(\sec\theta + 3)(\sec\theta - 4) = 0$$

第4章　IBDP数学の内容

第2象限では $\sec\theta < 0$ だから，

$$\sec\theta = -3$$

　逆三角関数（Inverse Trigonometric Function）は，周期関数である三角関数の逆関数なので，値域を制限しなければ多価関数となるためか，一価関数しか扱わない日本の高校教科書では登場しません．しかし，逆三角関数を知っていれば，三角方程式の解を確認したり，

$$\frac{1}{\sqrt{a^2-x^2}} \qquad \frac{1}{x^2+a^2}$$

などの積分が置換積分を用いることなしにできるなどの利点があります．

　IBDP数学Higher Levelでは，三角関数のグラフと三角方程式の間で導入され，微分積分でも登場しています．一価関数にするため値域を制限した場合は，最初に大文字を使って $\mathrm{Sin}^{-1}x$ または $\mathrm{Arcsin}x$（値域 $-\pi/2 \leq y \leq \pi/2$），$\mathrm{Cos}^{-1}x$ または $\mathrm{Arccos}x$（値域 $0 \leq y \leq \pi$），$\mathrm{Tan}^{-1}(x)$ または $\mathrm{Arctan}x$（値域 $-\pi/2 < y < \pi/2$）と表し，主値（principal value）と呼びます．ただし，特に強調はせず，大文字を使わない場合もあります。

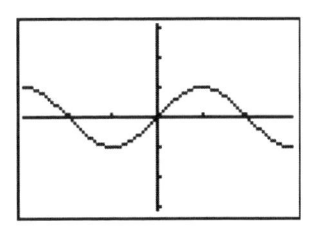

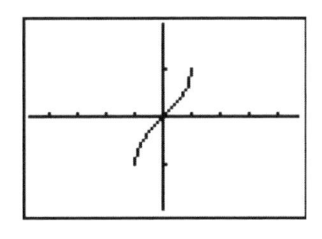

$y = \sin(x)$　　　　　　　$y = \mathrm{Sin}^{-1}(x)$ or $y = \mathrm{Arcsin}x$

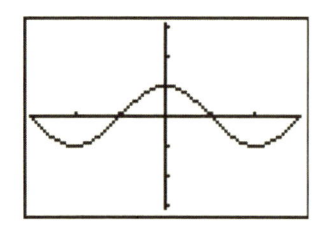

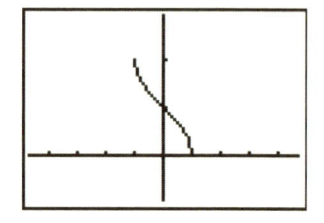

$y = \cos(x)$

$y = \text{Cos}^{-1}(x)$ or $y = \text{Arccos}x$

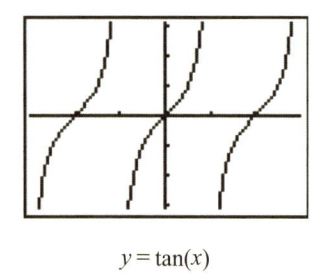

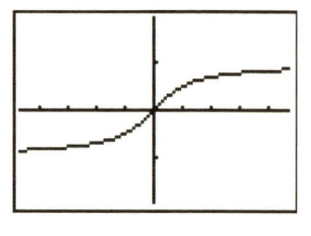

$y = \tan(x)$

$y = \text{Tan}^{-1}(x)$ or $y = \text{Arctan}x$

問題32

Solve the equation for $0 \leq x \leq 2\pi$.

$$3\sin x = 2\cos x$$

(訳)

次の方程式を $0 \leq x \leq 2\pi$ で解け.

$$3\sin x = 2\cos x$$

(解答32)

$$\frac{\sin x}{\cos x} = \frac{2}{3}$$

第 4 章　IBDP 数学の内容

$$\tan x = \frac{2}{3}$$

$$x = Tan^{-1}\frac{2}{3}$$

よって，$x = Tan^{-1}\frac{2}{3}, \quad \pi + Tan^{-1}\frac{2}{3}$

$$x = 0.588, \quad 3.730$$

問題33

Solve the equation for $0 \leq x \leq 2\pi$.
$$3\sin 2x = 2\cos x$$

(訳)

次の方程式を $0 \leq x \leq 2\pi$ で解け．
$$3\sin 2x = 2\cos x$$

(解答33)

$$3 \cdot 2\sin x \cos x = 2\cos x$$
$$6\sin x \cos x = 2\cos x$$
$$6\sin x \cos x - 2\cos x = 0$$
$$\cos x (3\sin x - 1) = 0$$

よって，$\cos x = 0, \quad \sin x = \frac{1}{3}$

$$x = \frac{\pi}{2}, \ \frac{3\pi}{2}, \ Sin^{-1}\frac{1}{3}, \ \pi - Sin^{-1}\frac{1}{3}$$

問題 34

Prove that

$$\text{Tan}^{-1} 5 - \text{Tan}^{-1} \frac{2}{3} = \frac{\pi}{4}$$

(訳)

次の等式を証明せよ．

$$\text{Tan}^{-1} 5 - \text{Tan}^{-1} \frac{2}{3} = \frac{\pi}{4}$$

この問題を日本の教科書に沿った表現にすれば，「$\tan a = 5$，$\tan b = 2/3$ となる角 a, b があるとき，$a - b = \pi/4$ を満たすことを示せ．」となります．

(解答 34)

まず次のようにおきます．

$$\text{Tan}^{-1} 5 = a, \quad \text{Tan}^{-1} \frac{2}{3} = b$$

すると

$$\tan a = 5, \quad \tan b = \frac{2}{3}$$

となります．ここで加法定理より，

$$\tan(a - b) = \frac{\tan a - \tan b}{1 + \tan a \tan b} = \frac{5 - \frac{2}{3}}{1 + 5 \times \frac{2}{3}} = 1$$

よって，

第4章　IBDP 数学の内容

$$a - b = \frac{\pi}{4}$$

したがって，

$$\mathrm{Tan}^{-1} 5 - \mathrm{Tan}^{-1} \frac{2}{3} = \frac{\pi}{4}$$

問題35

Solve for x, where

$$\mathrm{Tan}^{-1} 2x - \mathrm{Tan}^{-1} x = \mathrm{Tan}^{-1} \frac{1}{3}$$

(訳)

次の方程式を解け．

$$\mathrm{Tan}^{-1} 2x - \mathrm{Tan}^{-1} x = \mathrm{Tan}^{-1} \frac{1}{3}$$

この問題を日本の教科書に沿った表現にすれば，「$\tan a = 2x$，$\tan b = x$，$\tan c = 1/3$ となる角 a, b, c がある．$a - b = c$ を満たす x の値を求めよ．」となります．

(解答35)

まず次のようにおきます．

$$\mathrm{Tan}^{-1} 2x = a, \quad \mathrm{Tan}^{-1} x = b$$

すると

$$\tan a = 2x, \quad \tan b = x$$

となります．与式は，

119

$$a - b = \mathrm{Tan}^{-1}\frac{1}{3}$$

$$\tan(a-b) = \frac{1}{3}$$

加法定理より,

$$\frac{\tan a - \tan b}{1 + \tan a \tan b} = \frac{1}{3}$$

$$\frac{2x - x}{1 + 2x \times x} = \frac{1}{3}$$

$$3x = 1 + 2x^2$$

$$2x^2 - 3x + 1 = 0$$

$$(2x - 1)(x - 1) = 0$$

$$x = \frac{1}{2}, \quad 1$$

グラフを用いて正解を確認してみます.

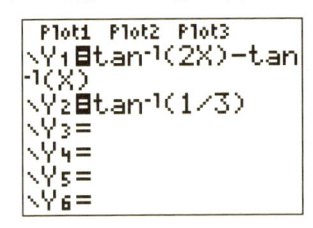

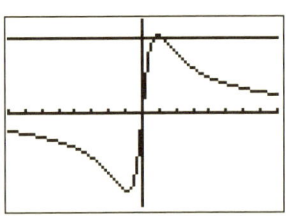

```
Plot1 Plot2 Plot3
\Y1■tan-1(2X)-tan
-1(X)
\Y2■tan-1(1/3)
\Y3=
\Y4=
\Y5=
\Y6=
```

第4章　IBDP 数学の内容

2つのグラフを拡大して交点を求めると，$x = 0.5$, $x = 1$

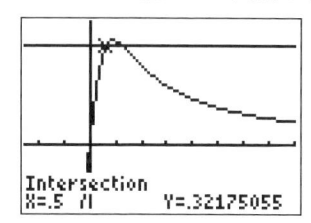

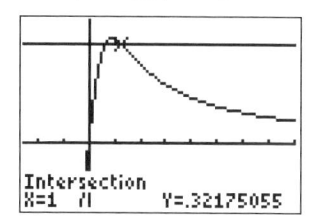

|問題36|

A system of equations is given by
$$\cos x + \cos y = 1.1$$
$$\sin x + \sin y = 1.4$$

(a) For each equation express y in terms of x.
(b) Hence solve the system for $0 \leq x \leq \pi$, $0 \leq y \leq \pi$.

(訳)

連立方程式が次式で与えられている．
$$\cos x + \cos y = 1.1$$
$$\sin x + \sin y = 1.4$$

(a) それぞれの方程式において y を x で表せ．
(b) この連立方程式の解を求めよ．ただし $0 \leq x \leq \pi$, $0 \leq y \leq \pi$ とする．

(解答36)
(a) y について解くと，
$$\cos y = 1.1 - \cos x$$
$$y = \mathrm{Cos}^{-1}(1.1 - \cos x)$$
$$\sin y = 1.4 - \sin x$$
$$y = \mathrm{Sin}^{-1}(1.4 - \sin x)$$

121

(b) 連立方程式を解きます.

$$\text{Cos}^{-1}(1.1 - \cos x) = \text{Sin}^{-1}(1.4 - \sin x)$$

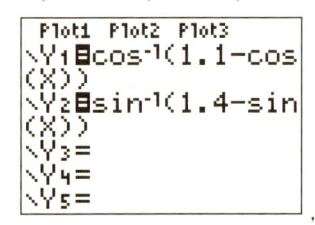

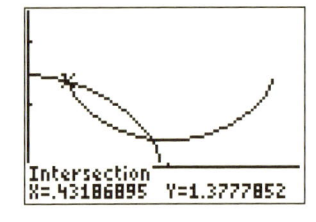

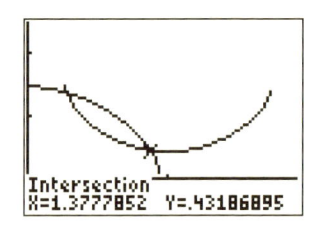

$x = 0.43$, $y = 1.38$ と $x = 1.38$, $y = 0.43$

4.7 スカラー積とベクトル積

日本の高校数学では，ベクトルの内積（Inner Product）＝スカラー積（Scalar Product / Dot Product）は扱われますが，外積（Outer Product）は扱われません．このため，高校理科では電磁気学のフレミングの法則や，力学の力のモーメントなどは3次元ベクトルの外積＝ベクトル積（Vector Product / Cross Product）を用いて説明できません．しかし，空間ベクトルにおいて外積を意識した問題は日本の大学入試に多数出題されています．

2つの3次元ベクトル $\vec{a} = \boldsymbol{a} = (a_1, a_2, a_3)$, $\vec{b} = \boldsymbol{b} = (b_1, b_2, b_3)$ の外積（＝

第4章　IBDP数学の内容

ベクトル積）$a \times b$ は，

$$a \times b = (a_2b_3 - a_3b_2,\ a_3b_1 - a_1b_3,\ a_1b_2 - a_2b_1)$$

ですが，これは2つのベクトルの両方に垂直なベクトルを求める問題によく登場します．また，2つの2次元ベクトル $a = (a_1, a_2)$，$b = (b_1, b_2)$ の外積 $a \times b$ は，

$$a \times b = a_1b_2 - a_2b_1$$

ですが，これはその名を使わずに三角形や平行四辺形の面積を求める問題によく登場しています[8]．IBDP数学 Higher Level の3次元ベクトルではスカラー積とベクトル積が併記されています．

問題37

Let $a = i + 2j$, $b = 3i + 4j - 2k$, find the vector product $a \times b$.

（訳）

ベクトル $a = (1, 2, 0)$，$b = (3, 4, -2)$ とするとき，ベクトル積 $a \times b$ を求めよ．

（この問題を日本の教科書に沿った表現にすれば）

ベクトル $a = (1, 2, 0)$，$b = (3, 4, -2)$ とするとき，次の条件を満たすベクトルを求めよ．
(1) 大きさが「a, b を2辺に持つ平行四辺形の面積の値」に等しい．
(2) a, b の両方に垂直な向きを持つ．ただしその向きは，180°以下の角で a を b に重ねる回転によって右ねじの進む方向．

---

[8] 外積は，狭義（2つのベクトルに垂直なベクトルを定義する）においては1, 3, 7次元しか定義されないが，広義（外積代数またはグラスマン代数）においては n 次元ウェッジ積として定義されている．2次元ではこのようにスカラーになり，C言語などでも使われている．

123

(解答37) $a \times b = (2\times(-2)-0\times 4, 0\times 1-1\times(-2), 1\times 4-2\times 3) = (-4, 2, -2)$

ただし,ベクトル積の定義を使わない解答は,求めるベクトルを $x=(x, y, z)$ と置いて連立方程式を解かなければなりません.

問題38

A plane π has vector equation $r=(-2i+3j-2k)+\lambda(2i+3j+2k)+\mu(6i-3j+2k)$.

(a) Show that the Cartesian equation of the plane π is $3x+2y-6z=12$.

(b) The plane π meets the x, y and z axes at A, B and C respectively. Find the coordinates of A, B and C.

(c) Find the volume of the pyramid OABC.

(d) Find the angle between the plane π and the x-axis.

(e) Hence, or otherwise, find the distance from the origin to the plane π.

(f) Using your answers from (c) and (e), find the area of the triangle ABC.

(訳)

平面 π のベクトル方程式が, $r=(-2, 3, -2)+\lambda(2, 3, 2)+\mu(6, -3, 2)$ で与えられている.

(a) 平面 π の方程式が, $3x+2y-6z=12$ になることを示せ.

(b) 平面 π が x 軸, y 軸, z 軸と交わる点をそれぞれ A, B, C とするとき,それらの座標を求めよ.

(c) 四面体 OABC の体積を求めよ.

(d) 平面 π と x 軸とのなす角を求めよ.

(e) 原点と平面 π との距離を求めよ.

(f) (c) と (e) の結果を利用して, △ABC の面積を求めよ.

第 4 章　IBDP 数学の内容

（解答38）

(a) 外積は，$(2, 3, 2) \times (6, -3, 2) = (3, 2, -6)$ となり，これは平面 π の法線ベクトルになります．通る点が $(-2, 3, -2)$ なので，求める方程式は次のようになります．

$$3(x+2) + 2(y-3) - 6(z+2) = 0$$
$$3x + 2y - 6z = 12$$

(b) 平面 π が x 軸と交わる点は，(a) の式に $y = 0$, $z = 0$ を代入して，

$$3x = 12$$
$$x = 4$$

よって，A $= (4, 0, 0)$ となります．同様にして，B $= (0, 6, 0)$, C $= (0, 0, -2)$

(c) 体積は $1/3 \times$ 底面積 $\times$ 高さなので，

$$1/3 \times 4 \times 6 \times 2 \times 1/2 = 8$$

(d) 平面 π の法線ベクトルは $(3, 2, -6)$ で，x 軸の方向ベクトルは $(1, 0, 0)$ なので，それらのなす角を θ' とすると，その余角 $\theta = 90 - \theta'$ が求める角になります．内積の定義より，

$$\cos \theta' = \frac{3}{\sqrt{9+4+36} \times 1} = \frac{3}{7}$$

$$\theta' = \arccos\left(\frac{3}{7}\right) \fallingdotseq 64.6°$$

よって，

$$\theta = 90 - \theta' = 90 - 64.6 = 25.4°$$

(e) 点と平面の距離を d とすると，距離の公式より，

$$d = \frac{12}{\sqrt{9+4+36}} = \frac{12}{7}$$

(f) 底面積を S とすると，体積は $1/3 \times$ 底面積 $\times$ 高さなので，

$$8 = \frac{1}{3} \times S \times \frac{12}{7}$$

よって,

$$S = 14$$

4.8 統計 (Statistics)

IBDP 数学では，統計が大きな位置を占めています．統計は他の学問分野でもよく利用されるので，学際的な意味でも重要なものといえます．Standard Level でも二項分布，正規分布，超幾何分布，ポアソン分布が登場し，Higher Level では帰無仮説，p 値，両側検定，信頼区間，不偏推定量，第一種過誤と第二種過誤，χ^2 検定，負の2項分布などが扱われています．

日本では，2012年からの学習指導要領で，行列が姿を消した一方で，中学校にも高校必履修の数学Ⅰにも統計が復活しましたが，内容はまだまだ基本的なもので，数学Bで確率分布があるものの，ベクトルと数列と統計の3つのうちから2つを選択することになっており，多くの高校ではベクトルと数列を学習するので，数学Ⅰの必履修範囲より広く学習することはほとんどありません．

A 正規分布 (Normal Distribution)

多くの自然現象や社会現象のモデルに使われており，平均付近から離れるに従ってなめらかに減少していく連続確率分布で，ガウス分布 (Gaussian Distribution) ともいいます．確率密度関数 (Probability Density Function) は，平均を μ，標準偏差を σ として次式で与えられます．

第 4 章　IBDP 数学の内容

$$f(x) = \frac{1}{\sqrt{2\pi\sigma^2}} \exp\left(-\frac{(x-\mu)^2}{2\sigma^2}\right)$$

問題 39

The lengths of tuna fish caught in a port are normally distributed with a mean of 200cm and a standard deviation of 20cm. Find:
i) The probability that the length of a tuna fish chosen at random is more than 210cm.
ii) The value of h, given that $P(X < h) = 0.765$.

[5 Marks]

（訳）

ある港で獲れたマグロの体長は，平均200cm，標準偏差20cmの正規分布に従うとする．次の値を求めよ．
(1) 無作為に抽出した一匹のマグロの体長が210cmより大きい確率
(2) 等式 $P(X < h) = 0.765$ を満たす h の値（体長何cm未満が全体の76.5％に当たるか）

（解答39）
i) 正規分布の確率密度関数 "normalpdf" を積分します．

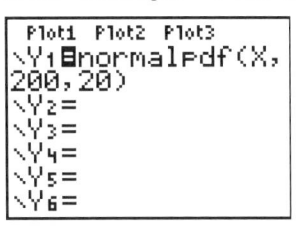

```
Plot1 Plot2 Plot3
\Y1■normalpdf(X,
200,20)
\Y2=
\Y3=
\Y4=
\Y5=
\Y6=
```

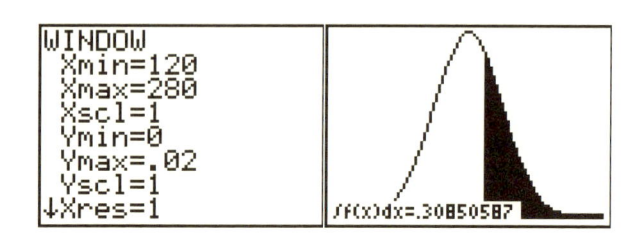

```
WINDOW
 Xmin=120
 Xmax=280
 Xscl=1
 Ymin=0
 Ymax=.02
 Yscl=1
↓Xres=1
```

∫f(x)dx=.30850587

または"ShadeNorm"を使って求めます.

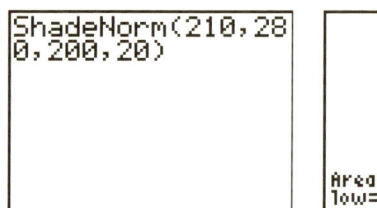

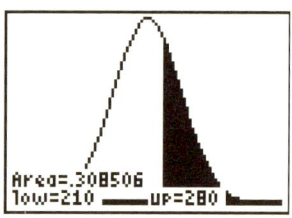

```
ShadeNorm(210,28
0,200,20)
```

Area=.308506
low=210   up=280

または正規分布の累積分布関数（Cumulative Distribution Function）"normalcdf"を使うと容易に求められます.

```
normalcdf(210,1E
99,200,20)
        .3085375322
```

```
WINDOW
 Xmin=0
 Xmax=1
 Xscl=1
 Ymin=0
 Ymax=.3
 Yscl=1
 Xres=1
```

ここで，$1_E 99$ は十分大きな数を意味します.

よって，この港で獲れたマグロの体長が210cmより大きくなる確率は，$P(X > 210) = 0.309$（30.9%）となります.

ii) 逆正規分布（Inverse Normal Distribution）の解は，累積分布関数の

グラフと定数値関数のグラフとの交点の x 座標を求めます.

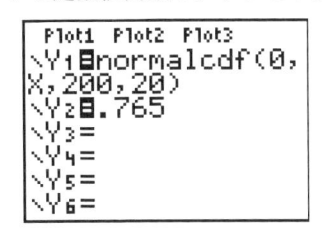

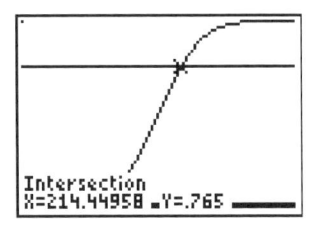

または"invNorm"を使うと容易に求められます.

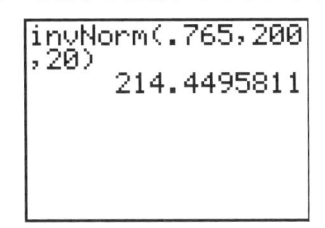

よって,$P(X < h) = 0.765$ となる $h = 214$. すなわち,全体の 0.765(76.5%)は 214cm 以下ということになります.

この解答では,有効数字3桁（3 significant figures = 3sf）で正解 0.309 があれば2点,同じく有効数字3桁で正解 214cm があれば3点を得ることができます.あと注意すべき点として,IB Exam では解法が正しくてもグラフ電卓独自の表現,例えば"normalcdf"などを用いた解答はしないほうが賢明です.

B 二項分布（Binomial Distribution）

1回の試行で事象 X が起こる確率が p,起こらない確率が $1 - p$ のとき,n 回反復試行したときに k 回起こる確率の分布を表します.確率質量関数（Probability Mass Function）は次式で与えられます.

$$P(X=k) = {}_nC_k \cdot p^k \cdot (1-p)^{n-k}$$

問題 40

Where the probability of success in a certain trial is p, we repeat this trial for 8 times.

i) Find the values of p if the probability of 4 successes is 0.1.

ii) For each value of p, calculate the probability of 5 or more successes.

[6 Marks]

(訳)

ある試行の成功する確率が p であるとき,これを8回繰り返す.

(1) この試行8回中4回成功する確率が0.1になるときの p の値を求めよ.

(2) (1)で得られた p のそれぞれの値に対して,5回以上成功する確率を求めよ.

(解答40)

i) $P(X=4) = {}_8C_4 \cdot p^4 \cdot (1-p)^4$ なので,8次方程式
$$_8C_4 \cdot p^4 \cdot (1-p)^4 = 0.1$$
を解かなければなりません.

この方程式を解かずに求めるには,二項分布の確率質量関数 "binompdf" のグラフと定数値関数のグラフとの交点の x 座標を求める方法があります.

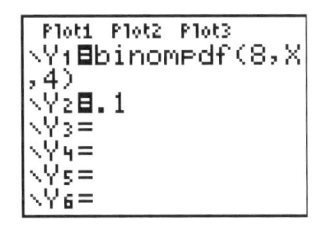

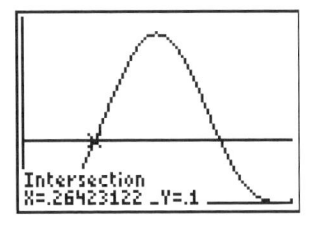

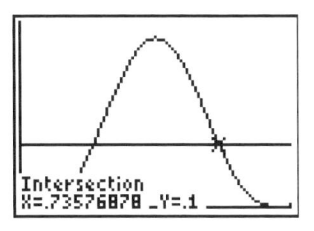

よって，$P(X=4)=0.1$ となる p の値は，$p=0.264$ または $p=0.736$ となります．

ii) 二項分布の累積分布関数 "binomcdf" を使います．TI-Nspire なら binomCdf $(8, p, 5, 8)$ で容易に求められますが，TI-84 では
$$P(X \geq 5) = 1 - P(X < 5) = 1 - P(X \leq 4)$$
を計算します．すなわち4回以下起こる確率を1から引きます．

よって，$p=0.264$ のとき $P(X \geq 5) = 0.0344$（34.4％），$p=0.736$ のとき $P(X \geq 5) = 0.866$（86.6％）となります．

ところがこの問題では，まず i) の8次方程式の解となる可能性のある p の値をすべて求め，その後 $0 \leq p \leq 1$ でなけらば不適であると示さなければ満点にならない可能性があります．

TI-Nspire なら "polyRoots" または "nSolve" を使って容易に実数解を求められますが，TI-84では左辺の8次関数のグラフと定数値関数の交点を求めます．

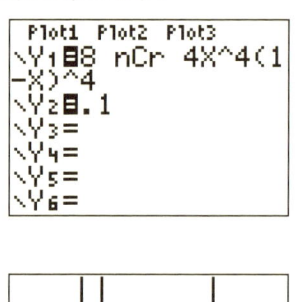

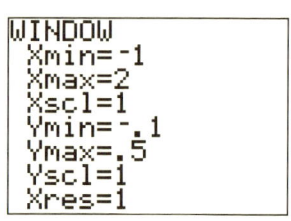

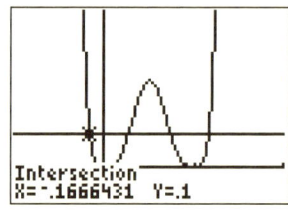

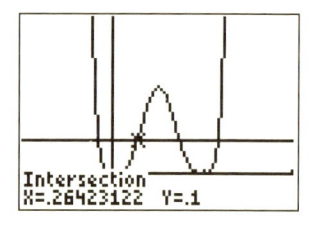

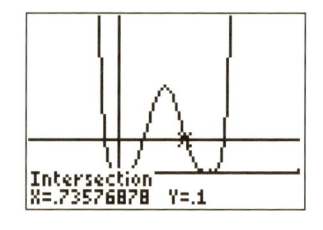

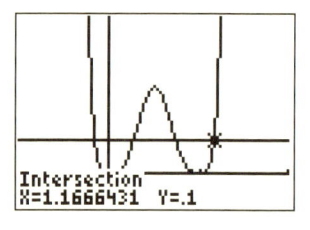

以上求めた4つの実数解のうち2つは条件に合わないので不適であることを言及しなければいけません．

第4章 IBDP 数学の内容

C ポアソン分布（Poisson Distribution）

単位時間中に事象 X の起こる回数の平均が λ 回のときに k 回起こる確率の分布を表します．確率質量関数（Probability Mass Function）は次式で与えられます．

$$P(X=k) = \frac{\lambda^k e^{-\lambda}}{k!}$$

|問題41|

The probability of an event X occurring 3 times or less within a certain period of time was 0.2. Find:

i) The mean of the distribution.

ii) The probability of event X occurring 6 times or more.

[5 Marks]

（訳）

ある事象 X が一定時間内に3回以下起こる確率が0.2のとき，次の値を求めよ．

(1) この分布の平均 λ（一定時間内にこの事象が起こる平均回数）．

(2) 一定時間内この事象が6回以上起こる確率．

（解答41）

i) 離散確率分布ですから，

$$P(X \leq 3) = P(X=0) + P(X=1) + P(X=2) + P(X=3)$$
$$= (\lambda^0 e^{-\lambda})/0! + (\lambda^1 e^{-\lambda})/1! + (\lambda^2 e^{-\lambda})/2! + (\lambda^3 e^{-\lambda})/3!$$
$$= (e^{-\lambda}/24)(24 + 24\lambda + 12\lambda^2 + 4\lambda^3)$$

なので，

$$(e^{-\lambda}/24)(24 + 24\lambda + 12\lambda^2 + 4\lambda^3) = 0.2$$

という方程式を解かなければなりません．TI-Nspire なら "nSolve" を使って容易に実数解を求められますが，TI-84ではポアソン分布の累積分布関数 "poissoncdf" のグラフと定数値関数のグラフとの交点の x 座標を求めます．

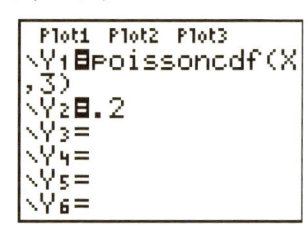

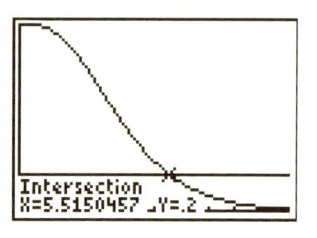

よって，この分布の平均は $\lambda = 5.52$．すなわち一定時間内に事象 X が起こる平均回数は5.52回ということになります．

ii) これも累積分布関数を使います．
$$P(X \geq 6) = 1 - P(X < 6) = 1 - P(X \leq 5)$$
を計算します．すなわち5回以下起こる確率を1から引きます．

よって，$P(X \geq 6) = 0.474$（47.4%）．すなわち，一定時間内に事象 X が6回以上起こる確率は0.474（47.4%）ということになります．

解答は明確で論理的であることが求められます．実際の計算は電卓を使って行われますから，解き方を分かりやすく示すことが重要です．

第5章

IBDP 数学の試験と課題

IB Art Works

5.1 筆記試験

学期ごとに成績をつけるための単元別試験はありますが，国際バカロレア資格を取得するための外部評価となる最終試験は，5月（一部は11月）に全教科まとめて3週間に渡って行われます．Mathematical Studies Standard Level と Mathematics Standard Level が，Paper 1とPaper 2で合計3時間，1年目の終りに受験します．Mathematics Higher Level は，Paper 1 と Paper 2の合計4時間に Paper 3の1時間を加えて合計5時間，2年目の終りに受験します．次の表のように各Paperはそれぞれ違う日に分けて実施されます．

Level	Topic	Duration	Date	Time
HL	Mathematics Paper 1	2h	03. May-Thursday	Afternoon
SL	Mathematics Paper 1	1h30m	03. May-Thursday	Afternoon
SL	Mathematical Studies Paper 1	1h30m	03. May-Thursday	Afternoon
HL	Mathematics Paper 2	2h	04. May-Friday	Morning
SL	Mathematics Paper 2	1h30m	04. May-Friday	Morning
SL	Mathematical Studies Paper 2	1h30m	04. May-Friday	Morning
SL	Further Mathematics Paper 1	1h	04. May-Friday	Afternoon
HL	Mathematics Paper 3	1h	07. May-Monday	Afternoon
SL	Further Mathematics Paper 2	2h	07. May-Monday	Morning

2012年5月の試験日程（数学のみ）

ただし，Further Mathematics は2012年から Higher Level になり，2014年の試験から，Paper 1 と Paper 2 が各2.5時間ずつの合計5時間になりました．

Mathematics Higher Level の Paper 3 は前述の4つの Optional Topics から学校がひとつ選択します．関西学院大阪インターナショナルスクールでは，Statistics and Probability を学校が選択し，Higher Level 受講生

第 5 章　IBDP 数学の試験と課題

徒全員が学習しています．

試験問題

　Mathematical Studies SL と Mathematics SL は Paper1 ～ 2，Mathematics HL は Paper 1 ～ 3 があります．グラフ電卓を使わない試験の問題は日本とほとんど変わりませんが，グラフ電卓を使う問題は自然現象，社会現象などの実例がよく出題されます．従って，答えは近似値で答えることが多くなります．

　Mathematical Studies SL では Paper 1 と Paper 2 の両方で，Mathematics SL では Paper 1 と Paper 2 のうち Paper 2 で，Mathematics HL では Paper 1 ～ 3 のうち，Paper 2 と Paper 3 でグラフ電卓が必要です．試験中の使用に際しては次のような制約があります．

① 数式処理システム（Computer Algebra System = CAS）は使用できません．CAS は数式を記号的に処理するシステム，すなわち根号のついた値や因数分解，不定積分などの解が表示できるシステムですが，IB Exam では許可されていません．

② TI-Nspire の場合は"Press-to-Test mode"の状態にしなければ試験で使用できません．"Press-to-Test mode"ではいくつかの機能制限がありますが，試験終了後に解除すれば元に戻ります．

　表紙には，「計算や説明などがなければ満点になるとは限りません．特にグラフ電卓を使った場合は，解き方を示すことが必要です．例えばグラフを使った場合は，そのグラフを描かなくてはいけません．解答が間違っていても，解法が正しければ得点できることがあります．したがって，すべて解法を書くことを勧めます．」という内容が書かれています．

　近似値を答える場合，日本では小数第 n 位まで求める（to n decimal

places または to *n* decimal points）という指示があるのが普通ですが，IBDP Math の試験では特別な場合を除き，有効数字3桁で答える（to three significant figures）ように指示されています．

　前章まで，日本ではあまり扱われないような問題を多数紹介してきましたが，日本でよく見られる普通の計算や関数や幾何などの問題も多く出題されています．IBDP Math の実際に出題された問題は，ネットで検索すればけっこう見つかりますので，一度探してみてください．

Formula Booklet

　IBDP Math では，試験中に Formula Booklet という公式集を見ることができます．その内容は，まず学習前 (Prior learning) に知っておくべき（使えるようになっておくべき）公式から始まります．

$$平行四辺形の面積＝底辺×高さ$$
$$\text{Area of a parallelogram } A = b \times h$$

から始まって，三角形，台形（trapezium），円の面積，角錐（pyramid），直方体（cuboid），円柱，球，円錐の体積，円周（circumference）の長さ，2点間の距離，線分の中点の座標など，日本では常識ですが，これらを覚えておかなくてもいいということです．次に各 Topic ごとに公式が与えられます．

★ **Core**

Topic 1: Algebra

　等差数列の一般項・和，等比数列の一般項・和，和の極限，指数と対数の関係，対数の性質，底の変換公式，$_nC_r$，二項定理，（さらに HL は）$_nP_r$，複素数，ド・モアブルの定理

第5章　IBDP数学の試験と課題

Topic 2: Functions and equations

　二次関数の対称軸，指数関数と対数関数の関係，二次方程式の解の公式・判別式

Topic 3: Circular functions and trigonometry

　扇形の面積と弧の長さ，三角関数の相互関係，2倍角の公式，正弦定理，余弦定理，三角比で表した三角形の面積，（さらに HL は）加法定理

Topic 4: Vectors

　ベクトルの大きさ，なす角，スカラー積，直線のベクトル方程式，（さらに HL は）空間直線の媒介変数表示，空間直線のデカルト方程式[1]，ベクトル積，ベクトル積で表した三角形の面積，平面のベクトル方程式，平面の媒介変数表示，平面のデカルト方程式

Topic 5: Statistics and probability

　データの平均，確率の公式，期待値，二項分布確率質量関数（Probability Mass Function）の平均・分散，正規分布，（さらに HL は）標準偏差，連続分布の期待値，連続分布の分散，ベイズの定理[2]，ポアソン分布確率質量関数の平均・分散

Topic 6: Calculus

　導関数の定義，いろいろな関数の微分（三角関数，指数対数関数を含む），合成関数・積・商の微分，いろいろな関数の不定積分（三角関数，指数対数関数を含む），面積・体積・道のり，（さらに HL は）割三角関数・逆三角関数の微分，逆三角関数の積分，部分積分

---

[1] デカルト方程式とは，日本の教科書で普通に使われている，$y=f(x)$ の形の式をいいます．普通の $x-y$ 座標系（直交座標系）をデカルト座標系とも言うことに由来しています．

[2] トーマス・ベイズ（1702-1761）によって示された，確率および条件付き確率に関して成り立つ恒等式．

★ **Options**（Mathematics HL は Core に加えて1つ選択．Further Mathematics HL はすべて）

Topic 7: Statistics and probability

　確率母関数，線形結合，標本標準偏差，母標準偏差，信頼区間，検定，相関係数，回帰直線

Topic 8: Sets, relations and groups

　ド・モルガンの法則

Topic 9: Calculus

　オイラー法，積分因子，いろいろな関数のマクローリン展開，テーラー展開，ラグランジュの剰余項

Topic 10: Discrete mathematics

　平面グラフのオイラーの公式，平面・単純・連結グラフ，

For Some Topics:

　幾何分布，負の二項分布

　以上すべて覚えていなくても使えればいいわけです．すなわち，公式を記憶するために時間を使うよりも，考察力と応用力を身につけるために時間を使いなさいということでしょう．

　IBDP Math では，「授業でも試験でもグラフ電卓を使う場合がある」ということが大きな特徴でしたが，さらに，「試験の最中に公式を見ることができる」ということも日本の一般的な大学入試との大きな違いといえます．

Markscheme

　IBDP Math には細かい採点基準（Markscheme）があります．簡単な問題で例を見てみます．

第 5 章 IBDP 数学の試験と課題

＜ Sample question ＞

[Maximum mark 6]

Consider the geomtric sequaence 2, 6, 18, ..., 13122

(a) Write down the common ratio. *[1 mark]*

(b) Find the number of terms in the sequaence. *[3 marks]*

(c) Find the sum of the sequaence. *[2 marks]*

＜ Markscheme ＞

(a) $6 \div 2 = 3$　　　　　　　　　正しい値　　*A1*　　*N1*

(b) $u_n = 13122$　　　　　　　　末項を第 *n* 項とおく　(*M1*)

　　$2 \times 3^{n-1} = 13122$　　　　　正しい立式　　*A1*

　　$3^{n-1} = 6561$

　　$3^{n-1} = 3^8$

　　n = 9　　　　　　　　　　　正しい値　　*A1*　　*N2*

(c) $S_9 = \dfrac{2(3^9 - 1)}{3 - 1}$　　　　　　正しい立式　　*A1*

　　$S_9 = 19682$　　　　　　　　正しい値　　*A1*　　*N2*

　　　　　　　　　　　　　　　　　　　　　　[6 marks]

＜記号の意味＞

M

　正しい解法（**M**ethod）に得点が与えられます．それが書かれていなければ得点になりません．

(M)

　M に（　）がある場合，やはり正しい解法（**M**ethod）に得点が与えられますが，その後の値が正しければ書かれていなくても OK です．上の例の (b) では，$u_n = 13122$ がなくても，次の *A1* が 2 つあれば，

3点満点になります．

A

正しい値（**A**nswer）に得点が与えられますが，その前の求め方が正しいことが必要です．

(A)

A に（ ）がある場合，正しい値（**A**nswer)に得点が与えられますが，その後の解き方が正しければ書かれていなくても OK です．

R

明確な理由づけ（**R**easoning）に得点が与えられます．例えば，「位置を s，速度を v とする時，加速度 a はなぜ $a = v \cdot \dfrac{dv}{ds}$ で表されるか」という問題で，

$$a = \frac{dv}{dt} = \frac{dv}{ds} \cdot \frac{ds}{dt} \qquad\qquad R1$$

と書かれてあれば1点得られます．

N

何も解き方が書かれてなくて正しい値（**A**nswer）のみが書かれている場合に与えられる得点が示されます．ふつう，*M, A, R* の合計点より少なくなります．上の例の (b) で，最後の $n=9$ だけしか書かれていない場合，2点になります．また，上の例の (c) では，$S_9 = 19682$ だけでも2点満点になります．

AG

すでに出てきた解答（**A**nswer **G**iven）を書き換えたもので，得点は与えられません．例えば，上の *R* の例の続きに，

$$a = \frac{dv}{dt} = \frac{dv}{ds} \cdot \frac{ds}{dt} \qquad\qquad R1$$

$$ = v \cdot \frac{dv}{ds} \qquad\qquad AG$$

第5章　IBDP数学の試験と課題

と書かれてあっても，さらに得点にはなりません．

5.2 課題

前述の評価基準を意識しながら，実際に生徒がつくった課題の例を見てみましょう．

──── 課題例1 ────

Modelling A Functional Building

This investigation will be looking at an office block that will be constructed inside a building which has a shape of a parabola. The building will have a rectangular base where the length is 150m and the width is 72m. The height of the building cannot exceed 75% of its width, and also cannot be less than half the width. Consider the maximum volume of the office block.

（訳）

放物線の形をした屋根を持つ建物に内接する直方体のオフィスビルを作る．建物の底面は150m×72mの長方形で，高さは底辺の50%以上，75%以下とする．このとき，オフィスビルの最大体積について考察する．

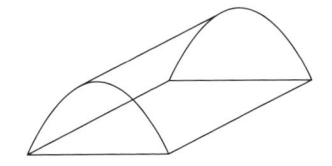

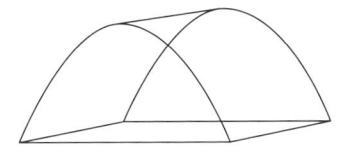

INTRODUCTION

First, the volume of the office block is calculated when the facade is placed on the shorter side. Then, the facade is moved to the longer side to compare the volume of the office box with the previous model. Lastly, the office block will be maximized by not having the block in the shape of a single cuboid. The two main methods used in order to calculate the volume of the office block are differentiation and integration.

(訳)
(a) オフィスビルが1つの直方体であるとして，短い方の辺を正面にした場合と長い方の辺を正面にした場合の最大体積を求める．
(b) オフィスビルが複数の直方体を重ねたものとして最大体積を求める．

(解答例)

正面の辺の長さを 2α とすると，放物線の式は次式で表されます．

$$y = a(x+\alpha)(x-\alpha)$$

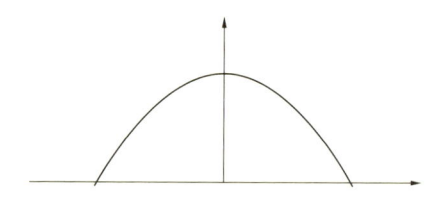

放物線の高さを h として，$(0, h)$ を代入すると，

$$h = a(0+\alpha)(0-\alpha)$$

$$a = -\frac{h}{\alpha^2}$$

よって，放物線の式は次式になります．

$$a = -\frac{h}{\alpha^2}(x+\alpha)(x-\alpha)$$

$$= -\frac{h}{\alpha^2}(x^2-\alpha^2) \qquad \cdots ①$$

(a) オフィスビルが1つの直方体のとき，

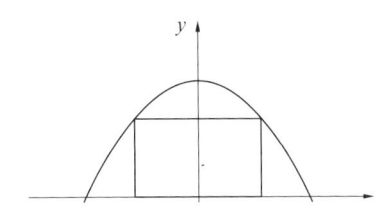

$x>0$ の部分での放物線と長方形の内接点の座標を (x, y) とすると，長方形の面積 S は，

$$S = 2x\left\{-\frac{h}{\alpha^2}(x^2-\alpha^2)\right\}$$

$$= -\frac{2h}{\alpha^2}(x^3-\alpha^2 x)$$

x で微分すると，

$$\frac{dS}{dx} = -\frac{2h}{\alpha^2}(3x^2-\alpha^2)$$

$$= -\frac{2h}{\alpha^2}(\sqrt{3}x+\alpha)(\sqrt{3}x-\alpha)$$

よって，$x=\alpha/\sqrt{3}$ のときに $0<x<\alpha$ における極大値かつ最大値をとります．

この最大値 S は，

$$S = -\frac{2h}{a^2}\left\{\left(\frac{a}{\sqrt{3}}\right)^3 - a^2 \times \frac{a}{\sqrt{3}}\right\}$$

$$= \frac{4ah}{3\sqrt{3}}$$

高さが底辺の 50% 以上 75% 以下ということは，$a \leq h \leq 3a/2$ なので，$h = 3a/2$ のとき，

$$S = \frac{2a^2}{\sqrt{3}} = \frac{2\sqrt{3}\,a^2}{3}$$

となり，これが最大値になります．

$2a = 72$ のとき，$S = 864\sqrt{3}$ で，体積 $V = 864\sqrt{3} \times 150 = 129600\sqrt{3}$

$2a = 150$ のとき，$S = 3750\sqrt{3}$ で，体積 $V = 3750\sqrt{3} \times 72 = 270000\sqrt{3}$

よって，長い方の辺を正面にした場合に最大体積となります．

$$270000\sqrt{3} = 467653.718$$

(b) 次にオフィスビルが複数の直方体を重ねたものにするときを考えます．多数階にするほど無駄な空間が少なくなり，体積が増えます．1 階分に必要な高さを 2.5m とすれば，放物線の高さが $h = 112.5$m のときが最大なので，$112.5/2.5 = 45$ 階建のオフィスビルが作れます．

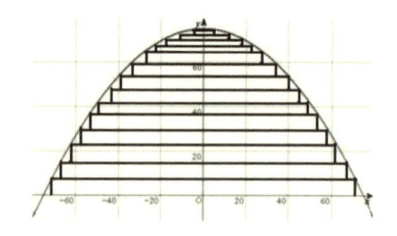

まず放物線の式から x を y の式で表しましょう．最大になるのは，$h = 112.5$，$a = 75$ のときだから，①より，

第 5 章　IBDP 数学の試験と課題

$$y = -\frac{1}{50}(x^2 - 75^2)$$
$$-50y = x^2 - 75^2$$
$$x^2 = 75^2 - 50y$$
$$x = \sqrt{75^2 - 50y}$$

$y = 2.5$ のとき，幅

$$2x = 2\sqrt{75^2 - 50 \times 2.5} = 2\sqrt{5500}$$

以下同様に計算して，

y-value	Width (m)	Volume (m^3)
2.5	$2\sqrt{5500}$	26698.31455
5	$2\sqrt{5375}$	26393.18094
…	…	…
110	$2\sqrt{125}$	4024.922359
112.5	0	0

表計算ソフトを利用して表の右の体積を…の部分もすべて加えれば，45 階建のオフィスビルの体積が求められます．

$26698.31455 + 26393.18094 + \cdots\cdots + 4024.922359 \fallingdotseq 795688$

参考までに外の建物全体の体積を確認してみましょう．

$$72 \times \int_{-75}^{75} \left\{ -\frac{1}{50}(x^2 - 75^2) \right\} dx = 72 \times \frac{1}{6} \times \frac{1}{50} \times 150^3$$
$$= 810000$$

したがって，45 階建のオフィスビルにすれば無駄な空間がかなり少なくなることが分かります．

Conclusion

When the dimension of the rectangular building is 150m × 72m, the office

147

box will have its maximum volume when the facade is placed on the longer side of the base. Also the height of the building should be high as possible. Therefore, the height of the building should be 75% of the width. Also, looking at this investigation, it is evident that instead of using a single cuboid for the office box, more than one cuboid should be used in order to reach the maximum volume. Therefore, the building should have the facade placed on the longer side of the base, with a maximum height and the office being made by more than one cuboid.

（訳）底面が長方形の建物のとき，長い方の辺を正面にする方が，オフィスビルの体積を大きくできる．放物線の屋根の高さは高いほどよいので，底辺の75%にすればよい．またオフィスビルは，1つの直方体よりもできるだけ多くの直方体を重ねた方が体積を大きくできる．

◇もうひとつ課題の例を見てみましょう．こちらは自分で選んだテーマです．

課題例2

Mathematical Exploration
"Exploring Sangaku Puzzles"「算額の探究」

1. Introduction:
"About Sangaku"
　算額は数学の問題が書かれた木の板で，日本の江戸時代によく神社などに奉納されていた．

"Aim of Exploration"

第5章　IBDP 数学の試験と課題

図のような「正方形の中の正三角形と内接円」があり，この内接円の半径の関連性を調べる．

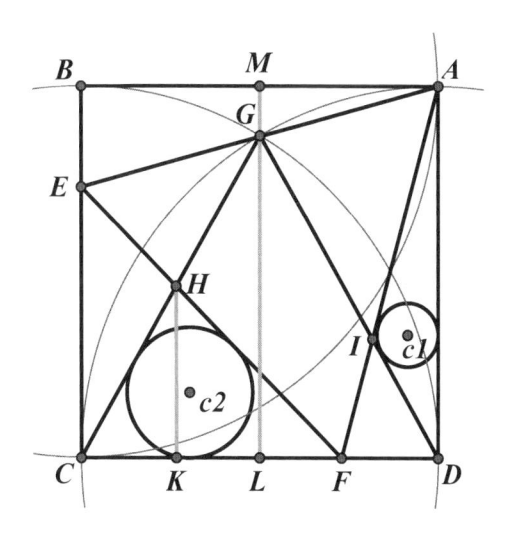

2. Investigation:

"Angles in the Diagram"

まず∠EAB を求め，その後すべての角度を求めた．∠EAB = 15°

"Triangle and Its Inscribed Circle"

一般に三角形の内接円 c の半径を r とすると，その面積 S は，

$$S = (1/2) \cdot r \cdot (3辺の和)$$

三角形の外周を p とすると，

$$S = (1/2) \cdot r \cdot p$$

よって，

$$r = 2S/p \qquad \cdots\cdots(1)$$

149

"Area and Perimeter"

△AID の面積を S1,外周を p_1 とすると,
$$S_1 = (\sqrt{3} - 1)/2$$
$$p_1 = 1 + \sqrt{2} + \sqrt{3}$$
(計算略)

△CHF の面積を S2,外周を p_2 とすると,
$$S_2 = 18 - 10\sqrt{3}$$
$$P_2 = 6 - 6\sqrt{2} - 2\sqrt{3} + 4\sqrt{6}$$
(計算略)

"Radius of Inscribed Circles"

円 c1,c2 の半径を,それぞれ r_1,r_2 とすると,(1) より,
$$r_1 = 2S_1/p_1 = (\sqrt{3} - 1)/(1 + \sqrt{2} + \sqrt{3})$$
$$r_2 = 2S_1/p_1 = (36 - 20\sqrt{3})/(6 - 6\sqrt{2} - 2\sqrt{3} + 4\sqrt{6})$$

よって,
$$r_1 : r_2 = \{(\sqrt{3} - 1)/(1 + \sqrt{2} + \sqrt{3})\} \div \{(36 - 20\sqrt{3})/$$
$$(6 - 6\sqrt{2} - 2\sqrt{3} + 4\sqrt{6})\} = 1/2$$
(計算略)

実際,Geometer's Sketchpad[3] でこの 2 つの半径を求めてみると,$r_1 = 1.16$cm,$r_2 = 2.32$cm で,2 つの円の半径の関係が正しいことが確認できた.

"More Findings"

その他,以下の発見をすることができた.

① △CHF ∽ △DFI ∽ △AGI ∽ △FGH
② GF を結ぶと,△GIF ∽ △AID,△EHC ∽ △GHF
③ △CDG の 1 辺が 2 であるのに対し,△AEF の 1 辺は $2\sqrt{6} - 2\sqrt{2}$

---

[3] 人気の高いインタラクティブな幾何ソフト。

第 5 章　IBDP 数学の試験と課題

④△ DFI の内接円 c3 の半径 r_3 は r_1 に等しい．

3. Reflection:

この探究を通してたくさんの学習ができた．

・tan15°を無理数で表すこと．
・三角形の内接円の知識．（例）$rp = 2S$
・幾何学ソフトウェアの効果的な使用．
・計算技術．特に無理数の乗除．

この探究を発展させるうえで，図のすべての三角形の内接円の関係も研究できそうであるし，またいくつかの疑問も生じてくる．

・同様にして他の三角関数の値をも求めることもできるか．
・内接円の半径の関係を，$rp = 2S$ を使わずに求められるか．
・点 A を半直線 DA 上で移動させたとき（それでも G，F が AE，CD 上で，△ AEF が正三角形のままのとき），導かれた関係はやはり同じだろうか．またそれはなぜか．

$$\diamond$$

　日本の高校では，数学の授業で課題を与え，レポートを課すということは，あまり見られないと思います．中間考査や期末考査の成績に宿題や小テストなどの成績を加味するというのが多いのではないでしょうか．

　しかし，日本でも 2012 年からの学習指導要領の数学 I と数学 A には，「課題学習」が新設されました．教科書で学んだ内容を，「生活と関連付けたり発展させたりするなどして，生徒の関心や意欲を高める課題を設け，生徒の主体的な学習を促し，数学のよさを認識できるようにし，学習効果を高めるよう適切な時期や場面に実施するとともに，実施に当たっては数学的活動を一層重視するものとする．」とし

ています．そのために以下の方法をあげています．
- 当該科目や他の科目の内容及び理科，情報科，家庭科等の内容を踏まえ，相互の関連を図るとともに，学習内容の系統性に留意すること．
- 必要に応じて，コンピューターや情報通信ネットワークなどを適切に活用し，学習の効果を高めるようにすること．
- 自ら課題を見いだし，解決するための構想を立て，考察・処理し，その過程を振り返って得られた結果の意義を考えたり，それを発展させたりすること．
- 学習した内容を生活と関連付け，具体的な事象の考察に活用すること．
- 自らの考えを数学的に表現し，根拠を明らかにして説明したり，議論したりすること．

以上のように日本でも課題学習を積極的に導入する方向になるのかと思われましたが，抽象的な説明だけに終わっていて，IBDP 数学のように明確に何%を成績に算入するとか，統一の評価基準を示すとかいうことがないので，あまり広まっていないように思います．

実際，この後に述べる Workshop で，この「算額の探求」の採点を体験してみましたが，ただ読むだけでなく，数式のチェックもしなければならないので，とても時間がかかるうえ，決められた Criteria（評価基準）に沿ってそれぞれ何点にするかが，筆記試験と違って大変難しいものでした．

第6章

IBDP 数学の Workshop

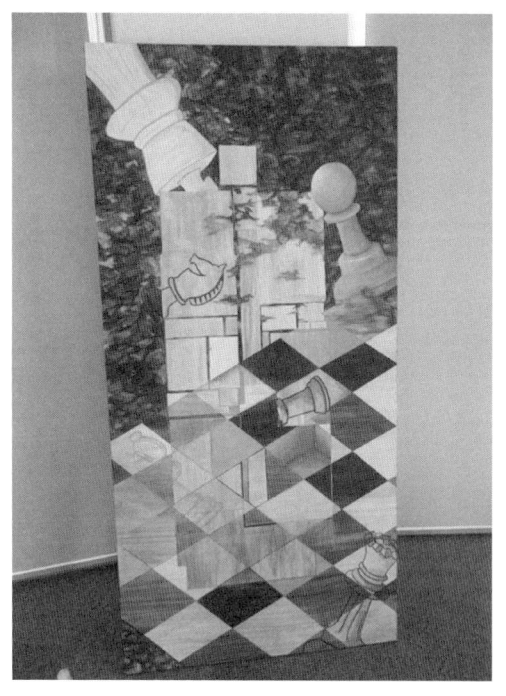

IB Art Works

6.1 日本で開催された Workshop

 日本で IB 認定校を 2012 年から 5 年間で 200 に増やすという施策を文科省が推進しているということを前に述べました．当初，すべて英語で授業をする学校をこんなに増やすことは容易ではないと思われましたが，そうではなく，ほとんどの科目を日本語で授業するという準備が進められました．

 2013 年 5 月，国際バカロレアと文科省は，2 ヵ国語によるディプロマプログラム実施のためのプロジェクト開始を発表し，経済，歴史，生物，化学，知識の理論（TOK），課題論文（Extended Essay）及び創造性／活動／奉仕（CAS）をその対象としました．その時，数学はなかったのですが，2014 年 5 月に新たに数学と物理を加え，日本語でディプロマプログラムの授業や試験が受けられるよう，関連文書等の日本語への翻訳が行われることになりました．<u>2 ヵ国語でディプロマプログラムを受ける生徒は，6 科目のうち 2 科目は英語で，そして 4 科目は日本語で履修することができるようになります</u>．

 国際バカロレアは，このプロジェクトにおいて，学校の教員や管理職に対する研修等を通じ，日本で IB に対応できる教員の確保を進めることにしています．そのため，IB 認定校（または候補校，または興味を持つ学校）の教員，管理職，校長向けにその役割に合った Workshop が日本でも用意されることになりました．そのような流れの中で，2013 年 8 月に IB 主催の日本語サポートのある教員向けの大規模な Workshop が東京で開催され，多数の日本の教員が参加しました．そして 2014 年 8 月には，同様の数学も含めた教員向け Workshop "Category 1 DP Workshops in Tokyo, Japan" が開催されたので，その中の 1 つ，"Mathematics HL/SL Combined" に参加してきました．Category 1 は新任研修にあたるセミナーです．次の段階からは IB 経験が

第6章　IBDP 数学の Workshop

必要で，Category 2は教授法に重点を置くセミナー，Category 3は専門知識向上のための研究セミナーです．

　事前の Workshop Leader からの連絡で，受講前に準備しておくべきことが示されます．まずメールに添付されたアジェンダをコピーしておくこと．アジェンダの内容は次の通りです．

IB ASIA PACIFIC REGIONAL WORKSHOP AGENDA
DP/Mathematics Standard and Higher Level Combined (Cat1[1])

★ **Workshop Leader**

　Workshop のリーダーの紹介です．出身大学，教員歴，IB 教員歴などが書かれてあります．今回の講師は香港にあるインターナショナルスクールの数学教員で，教員歴は20年以上とのことでした．さらに日本国内のインターナショナルスクールで数学を教えている若手の教員が通訳を担当しました．

★ **All participants are requested to bring with them the following:**
　参加者全員が事前に準備すべきものです．
① CASIO 社または Texas Instruments 社のグラフ電卓 (GDC)
　IBDP Math の教科書には当たり前のように GDC の画面が使われています．説明にも解答にも GDC が利用されます．当然教員は GDC の扱い方を熟知していなければなりません．IBDP Math の教科書を発行している出版社はいくつかあり，IBID Press，Pearson Baccalaureate，Haese Mathematics などの教科書には Texas Instruments 社の TI-84 の画面が使われていますが，最新の Oxford University Press 発行の教科書

---
[1] Category 1のこと。

には同社の TI-Nspire の画面が登場しています．因みに Cambridge University Press の教科書には全く GDC の画面は出てきませんが，もちろん GDC が必要で，付録の CD-ROM に 2 社の GDC の使い方が解説されています．

② IB Mathematics Standard and Higher Level Subject Guide

IB の使命，学習者像から始まって，数学の学習内容，学習時間，試験概要，課題内容，評価基準などが詳しく説明されています．

③ IB Mathematics Standard and Higher Level Formula booklet

日本と違って試験中に公式を見ても良いわけですが，その公式集がこれです．ただ，使い方が分かっていないと試験のときにあっても意味がありません．公式も使い方もほとんど覚えておいて，試験のときは確認程度に使う方がいいでしょう．

④ いつもの授業で使用しているパソコン

次の⑤にもつながりますが，授業でどのようにパソコンやタブレットなどを利用しているかを発表するためのものです．

⑤ 他の参加者と意見交換するための授業のアイデア

1 人につき 1 つ以上の授業の提案または報告をこの研修の場で発表します．

⑥ 熱意

こんな人に来てほしいという主催者の要望でしょう．

★ **Workshop Schedule**

Time/Day	Day 1	Day 2	Day 3
8.30 – 10.00	Session 1	Session 5	Session 9
10.30 – 12.00	Session 2	Session 6	Session 10
1.00 – 2.30	Session 3	Session 7	Session 11
3.00 – 4.30	Session 4	Session 8	Session 12

第 6 章　IBDP 数学の Workshop

6.2　Workshop の内容

　だまって話を聞くだけの研修ではなく，グループワークをしたり，意見を述べたり，発表をしたり，盛だくさんの内容です．研修全体の責任者から全参加者への挨拶の後，各教科に分かれ，3 日間で 90 分×12＝18 時間の研修でした．ではどんな研修なのか，その内容を見てみましょう．

＜1 日目＞

　受講者は各 6 人ずつ 5 つの班に分けられていました．講師の自己紹介の中には三択のクイズがあり，その答も意外で，楽しませてくれました．

Activity 1

　4 つの同心円を大きな紙に書いて，人数分に等分し，1 人につき 4 つの空白に，

・名前とその意味
・数学教員経験年数
・学校名と校内での役割
・自分の興味のあること

を書いて各班で発表します．単に 1 人ずつ自己紹介をしていくよりも印象に残るやり方でした．

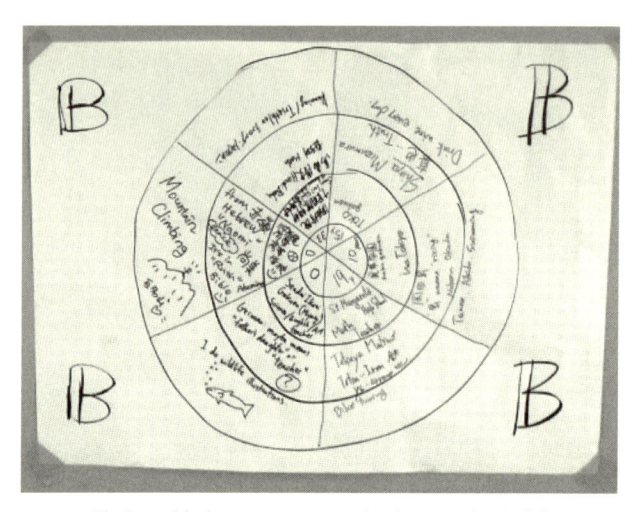

Circles with the same centre point (concentric circle)

Activity 2

各グループにテーマが与えられ，そのためのルールを箇条書きにする．例えば「責任」というテーマなら，
・全員が参加する
・1人につき1つの意見を出し合う
・みんなで相談する，相手の目を見て話を聞く
・お互いに分かったことは伝え合う
などを書き，自分たちでルールを作ることによって自分たちの責任でルールを守っていくようにします．生徒にこれをさせた場合，自分たちで決めたことを自分たちで守っていくという自覚ができます．

第6章　IBDP 数学の Workshop

Lecture 1

■ Activity をすることの目標

授業を，教師中心ではなく生徒中心のものにしていくのも1つの目標です．生徒が発言しやすい，学びやすい環境づくりを目指すことにもなります．

■ IB の使命 Mission Statement

地球上の色々な文化を理解し，尊重することによって，世界平和に貢献できるような人間を育てるということが IB の使命であるということが述べられていました．

Activity 3

以下を匿名で書いて掲示します．

- 何が達成できればこの研修が成功だったといえるか．（目標とすることの確認）
- 今何を知りたいと思っているか．（現在の疑問点の確認）

これも授業に応用できるものでした．授業で，何を獲得するのか，今何が分かっていないのかなどを確認することが学習の動機付けにもなります．

Activity 4

"Culture of Change Fullan's Dip"

新しいことを始めた時に起きる自分の気持ちの浮き沈みを表した図です．現在の自分はどこにいるかを考えてその足型のところに自分を表すシンボルを描いたタックシールを貼ります．この後に目指すべき自分の位置を確認できます．

Lecture 2

数学ではなく，IB全体の理念的な内容のレクチャーで，以下についての説明がありました．

■ Learner Profiles　IBの学習者像
・探究する人 Inquirers
・知識のある人 Knowledgeable
・考える人 Thinkers
・コミュニケーションができる人 Communicators
・信念をもつ人 Principled
・心を開く人 Open-minded
・思いやりのある人 Caring
・挑戦する人 Risk-takers
・バランスのとれた人 Balanced
・振り返りができる人 Reflective

■ Approaches to Learning (ATL) Across the Continuum

PYP，MYP，DPと続くIBの連続したカリキュラムを通して学習のアプローチをする，「学び方を学ぶ」ための5つのスキル，思考スキル，社会性スキル，コミュニケーションスキル，自己管理スキル，リサーチスキルを身につけていきます．

■ Core Requirements
・Theory of Knowledge　知識の理論
・Extended Essay　課題論文
・Creativity, action, service　創造性／活動／奉仕

IBDPのCoreになる必修要件です．

■ Subject Groups

Group 1: studies in language and literature　言語と文学
Group 2: language acquisition　言語習得

第 6 章　IBDP 数学の Workshop

Group 3: individuals and societies　個人と社会
Group 4: Sciences　理科
Group 5: Mathematics　数学
Group 6: the arts 芸術（または他の5教科からもう1つ選択）

　Group 5には，Mathematical Studies SL (Standard Level), Mathematics SL, Mathematics HL (Higher Level), Further Mathematics HL の4つがあり，Further Mathematics HL を除く3つから必ず1つを選択します. Group 6で選択できる Further Mathematics HL は難しいので受講者が少なく，例えば，香港では20校ぐらいが集まってようやく1クラスが成立したという話がありました.

Activity 5

　10個の Learner Profiles をすべて備えているキャラクターを見つけて（または創作して）描き，その説明をします. このことによって，理想とされる学習者像をよりはっきりと認識させます. アンパンマン，ワタシバ，Queen Elsa などが出ました.

Activity 6

"Carousel of Activities"

　Carousel とは回転木馬の意味です. 5つの班が，用意された5つの Activities を回転木馬のように次々にこなしていきます.

A: Spaghetti and Sine Curve

　ゆでる前の固いスパゲティを使い，角度ごとに正弦の値の長さで切って並べていき，sine curve を描きます.

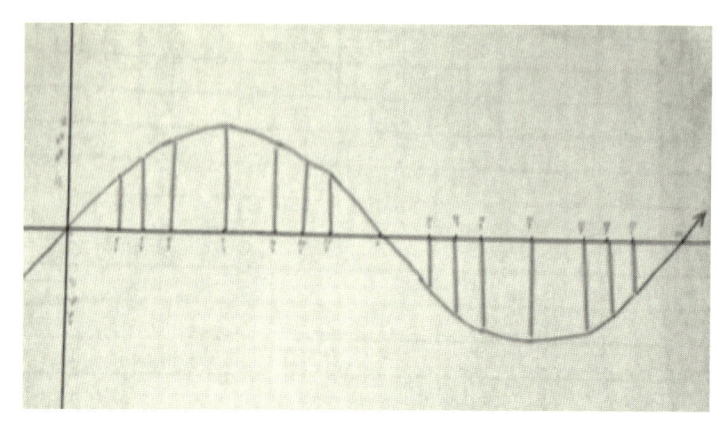

Spaghetti and Sine Curve

B: Definite Integration Tarsia puzzle

いくつかの正三角形があり，その辺に沿って定積分の問題とその正解が別々の三角形に書かれてあり，問題の辺とその正解の辺が重なるようにすれば，新たに大きな図形をつくることができるというパズルです．今回は正三角形ですが，他の図形を作ることもできます．Definite Integration は定積分ですが，他の問題に応用することもできます．

第6章　IBDP 数学の Workshop

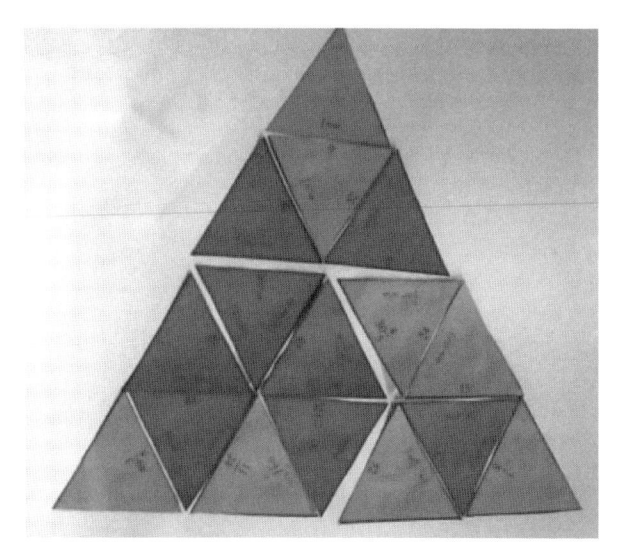

Tarsia puzzle

Tarsia puzzle を簡単に作れるフリーソフトをダウンロードできるサイトが紹介されました．

　　　http://www.mmlsoft.com/index.php/products/tarsia

C: Mathematical Treasure Hunt

　廊下に，三角方程式の問題と別の問題の正解が書かれたいくつかの紙が貼ってあり，その紙を探して問題を解いてはその解答の書かれた別の紙を探すということを繰り返します．もちろんこれも他の問題に応用できます．

| π | -2π |

The smallest value of x for which
sin x = 0
for $-2\pi \le x \le \pi$

Set T2 : Card 7 out of 10

The smallest value of x for which
$$\sin x = \frac{1}{\sqrt{2}}$$
for $0 \le x \le 2\pi$

Set T2 : Card 4 out of 10

| $\dfrac{\pi}{6}$ | $-\dfrac{\pi}{6}$ |

The smallest value of x for which
$$\cos x = \frac{\sqrt{3}}{2}$$
for $-\dfrac{\pi}{2} \le x \le \dfrac{\pi}{2}$

Set T2 : Card 1 out of 10

The largest value of x for which
$$\tan(2x + \frac{\pi}{4}) = 1$$
for $-\pi < x \le \pi$

Set T2 : Card 10 out of 10

第6章 IBDP 数学の Workshop

$\dfrac{5\pi}{4}$

The largest value of x for which
$4\sin^2 x = 3$
for $0 \leq x \leq \pi$

Set T2 : Card 2 out of 10

$\dfrac{2\pi}{3}$

The smallest value of x for which
$2\cos^2 x - 5\sin x + 1 = 0$
for $0 \leq x \leq 2\pi$

Set T2 : Card 9 out of 10

$-\dfrac{2\pi}{3}$

The smallest value of x for which
sin x = $\sqrt{3}$cos x
for $0 \leq x \leq 2\pi$

Set T2 : Card 8 out of 10

$\dfrac{\pi}{3}$

The largest value of x for which
sin 2x = 1
for $0 \leq x \leq 2\pi$

Set T2 : Card 5 out of 10

| $\frac{\pi}{4}$ | $\frac{5\pi}{3}$ |

The largest value of x for which
$$\cos x = \frac{1}{2}$$
for $0 \leq x \leq 2\pi$

Set T2 : Card 6 out of 10

The smallest value of x for which
$2(1 + \cos x) = 1$
for $-\pi \leq x \leq \pi$

Set T2 : Card 3 out of 10

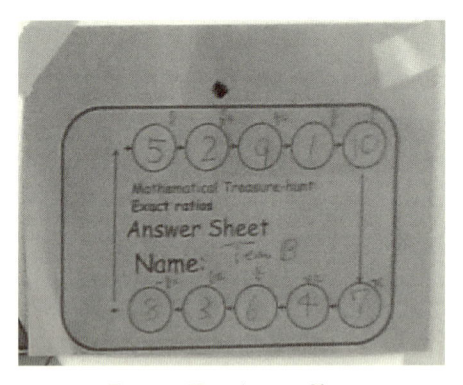

Treasure Hunt Answer Sheet

第6章　IBDP 数学の Workshop

D: Ordering Cards Tangent

　ある二次関数の接点と接線を求める手順の書かれたカードがいくつかあり，それらを正しい順に並べ替えます．証明を論理的に考える力を養うことができます．右の写真は完成したところです．他の計算問題や証明問題にも応用することができます．

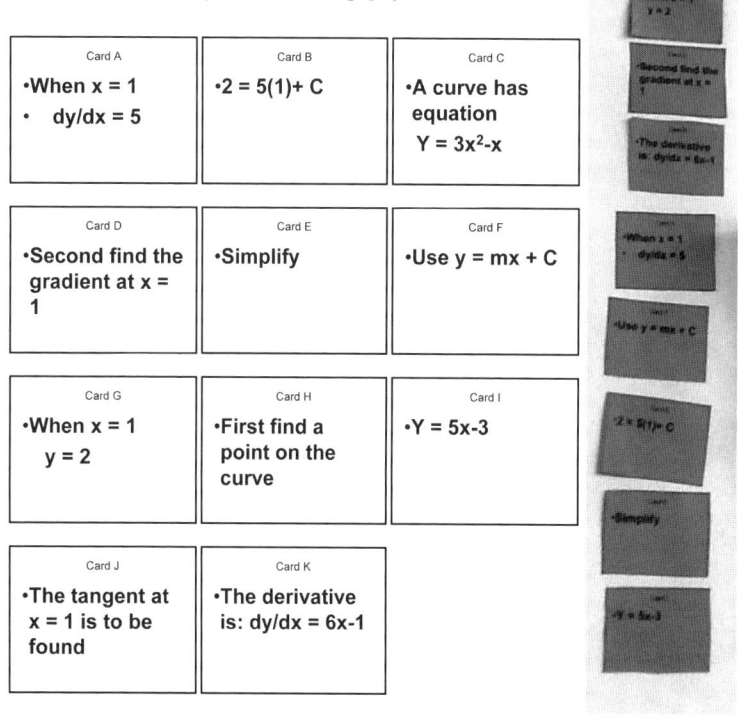

Card A
- When x = 1
- dy/dx = 5

Card B
- 2 = 5(1)+ C

Card C
- A curve has equation
  Y = 3x^2-x

Card D
- Second find the gradient at x = 1

Card E
- Simplify

Card F
- Use y = mx + C

Card G
- When x = 1
  y = 2

Card H
- First find a point on the curve

Card I
- Y = 5x-3

Card J
- The tangent at x = 1 is to be found

Card K
- The derivative is: dy/dx = 6x-1

E: sin2x

　sin2x = 2sinxcosx が成り立つことを幾何的に証明する手順が書いてあり，その途中の空白に当てはまる式を書きます．加法定理で容易に証明できることが，幾何的にも証明できるという一例です．日本では

加法定理を学習した後に2倍角の公式が登場しますが，Mathematics SL では加法定理を学習しないので，このように証明するのだなと思って複数の IBDP Math の教科書を確認したところ，2倍角の公式が成り立つことはグラフ電卓で確認してありました．

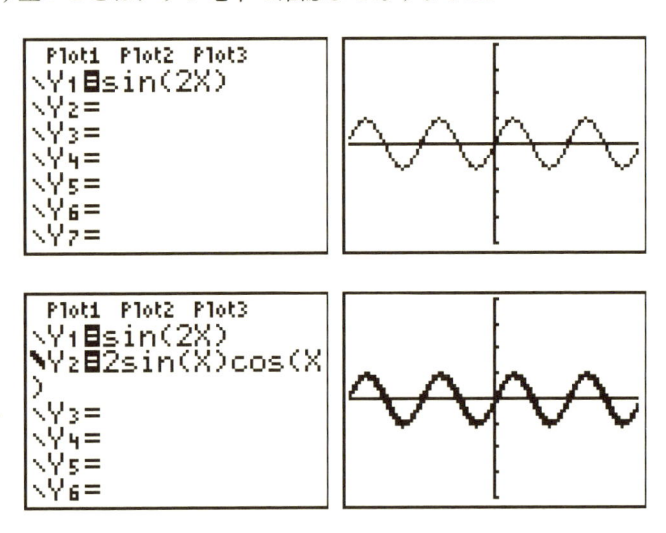

さてこの幾何的な証明ですが，sin2x の方は，AB = AC = 1の2等辺三角形の∠A を 2x とおき，BC の中点を D とし，B から AC に下した垂線の足を H として，BH を 2 通りに x と 2x で表せば証明できます．

$$BH = AB\sin 2x = \sin 2x$$
$$BH = BC\sin(90 - x)$$
$$= 2CD\cos x$$
$$= 2AC\sin x\cos x$$
$$= 2\sin x\cos x$$

よって，$\sin 2x = 2\sin x\cos x$

cos2x の方は，△ABC に余弦定理をあてはめて証明します．

第6章　IBDP 数学の Workshop

$$\begin{aligned}\cos 2x &= (1^2 + 1^2 - BC^2)/(2 \cdot 1 \cdot 1) \\ &= \{2 - (2CD)^2\}/2 \\ &= (2 - 4\sin^2 x)/2 \\ &= 1 - 2\sin^2 x\end{aligned}$$

The Double Angle Results

ABC is an isosceles triangle with AC= AB =1

Label angle CAD and BAD x on this diagram.

The expression for angle ACD in terms of x is _____

Similarly angle ABD is _____

In triangle ADC side AD is _____ and side CD is _____ because of SOHCAH!!!

The sine rule is

Applying this to our triangle ABC find an expression for sin 2x.

Using this triangle find a simpler expression for sin (90-x)

_____

Sin 2x =

Jennifer Wathall — Page 1

第6章　IBDP 数学の Workshop

> The Cosine rule is

Applying the cosine rule to triangle ABC we have:

Which gives:

> **cos 2x =**

Now using $\sin^2 x + \cos^2 x = 1$ find two other forms of this double angle result.

> **cos 2x =**
> =
> =

IB Maths Standard Level　　　　　　　　　　　　　　　　　　　　　　Page 2

ここで，新しく登場した用語"SOHCAH"とは何でしょうか．実は英語の教科書によく見られる sin, cos の覚え方です．直角三角形のひとつの鋭角 θ に対し，斜辺 hypotenuse, θ の隣辺 adjacent, θ の対辺 opposite とすると，

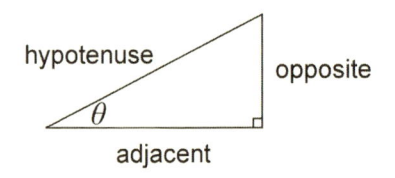

$\sin \theta$ = opposite/hypotenuse
$\cos \theta$ = adjacent/hypotenuse

なので，S = O/H, C = A/H, すなわち SOHCAH となります．ちなみに tan は T = O/A で TOA です．

Lecture 3

■なぜ Activity をするのか

探求の授業は時間がかかりますが，講義で聞くよりも Activity で学んだ方が，印象が強くて忘れにくいという効果があります．解くために話し合うことで Communication Skill も学ぶことができます．そのためには，間違っても恥ずかしくない，間違っても悪くないという環境づくりが必要です．また，それぞれの Activity 独自の効果もあります．例えば Activity 6 の D なら，論理的な展開の確認ができるとか，計算を間違う心配がないので，考え方だけに集中できるなどが期待できます．かなり Activity が多いという印象を受けますが，このような方法もあると考え，各自が自分なりの方法でうまく利用していけばいいと思います．

第6章　IBDP 数学の Workshop

＜2日目＞

[Lecture 4]

■ Grade Boundary

試験と課題の Grade Boundary の公表．7点満点で何％できればこの得点になるかという表です．この境界は試験後に決まります．以下は例です．

1: 0 - 18%, 2: 19 - 36%, 3: 37 - 50%, 4: 51 - 61%, 5: 62 - 73%,
6: 74 - 84%, 7: 85% +

■ Question Bank http://questionbank.ibo.org

試験の過去問題集です．学校がライセンスを買って生徒の試験対策に役立てます．

■ IBDP Math の教科書

発行している5社の紹介に加え，講師によるそれぞれの評価を聞くことができました．Oxford University Press は Activity が豊富．Haese Mathematics は説明が多すぎる．IBID は最も古く，IB の初めてのテキストを出版したが，その分ミスも多かった．Cambridge University Press のみ Option のテキストを出版していて，内容も他より難しい．などでした．

■ OCC (Online Curriculum Centre) http://occ.ibo.org

ここから Teacher Support Material など，いろいろな書類をダウンロードできます．ログインは研修期間のみ可能にしてあって，内容を見ることができました．IB 認定校は School Code, User Name, Pass Word でログインできるようになっています．

メニューの "Diploma Program" → "Mathematics" の中には，Calculators, Further Mathematics HL, Mathematical Studies SL, Mathematics HL, Mathematics SL, の5つがあり，例えば Calculators

の中には，General documents (2 document/s), Assessment (4 document/s), Rules and General regulations (3 document/s), Curriculum review (3 document/s) など多数の書類があります．

Lecture 5

■評価について

SL: Paper 1 - 40%, Paper 2 – 40%, Mathematical exploration – 20%

HL: Paper 1 - 30%, Paper 2 – 30%, Paper 3 – 20%, Mathematical exploration – 20%

筆記試験 Paper 1-3 は外部評価（External assessment）で，これはすべて IB が採点します．内部評価（Internal assessment）である課題は，Mathematical Sturdies SL が Project, Mathematics SL, Mathematics HL が Mathematical exploration といいますが，こちらはまず各学校の教員によって採点された後，その一部が IB で採点されて適正化（Moderation）されます．

Activity 7

Internal Assessment の目標と，Mathematical exploration の目標は何かを話し合いました．

・学校がきちんと評価できているかをチェックする．

・学習者像を考慮しながら，試験以外の要素も見る．

それまでの Portfolio ではテーマが与えられていましたが，Mathematical Exploration は自分でテーマを決めます．直訳すると「数学的調査」．あるいは日本でよく使われる表現では「数学の自由研究」といったところでしょうか．

第6章　IBDP 数学の Workshop

Activity 8

"Bus Stop"

　教室内の6ヵ所に IBDP Mathematics の Topic の書かれた紙が貼ってあり，5分ずつ班ごとに移動して，1つ1つに授業のアイデアを書いていきます．

Topic 1 Number & Algebra

　フィボナッチ数列の行方[2]を予想する．$2^{(1/2)}$ の存在を示す．$y = 2^x$ のグラフは透明な紙に書いて裏返すと $y = \log_2 x$ のグラフになることを示す．

Topic 3 Circular functions and trigonometry

　三角比を用いて実際の値を測量する．

Topic 5 Statistics and probability

　多数回の試行で統計的確率を学ぶ．コインの OO, OU, UU など，3通りの現れ方でも確率 1/4, 1/2, 1/4 になる例を紹介する．

Activity 9

　"Bus Stop" の応用例を考えて，発表していきました．考えてみてください．

Lecture 6

■ Mathematical Exploration

　内部評価される Mathematical Exploration のレポートはストーリーのように書きます．Heading（見出し）はなくてもかまいません．授業で10時間，授業外で約10時間を使います．教員の助言は受けられず，生徒が提出した後に教員が内容をチェックします．コメントは上から

---

[2] 前項と後項の比が黄金比に近づくこと．

書き足します．コメントが多いほど，教員の採点に近いものが IB から返却されるそうです．

　　Criteria（評価基準）は以下の5つがあります．

　　Criterion A: Communication [4 marks]

　　Criterion B: Mathematical Presentation [3 marks]

　　Criterion C: Personal Engagement [4 marks]

　　Criterion D: Refection [3 marks]

　　Criterion E: Use of Math　[6 marks]（これだけ SL と HL で異なる）

Activity 10

"Excursion"

　　近所のある記念庭園で Activity を考えるという Activity です．

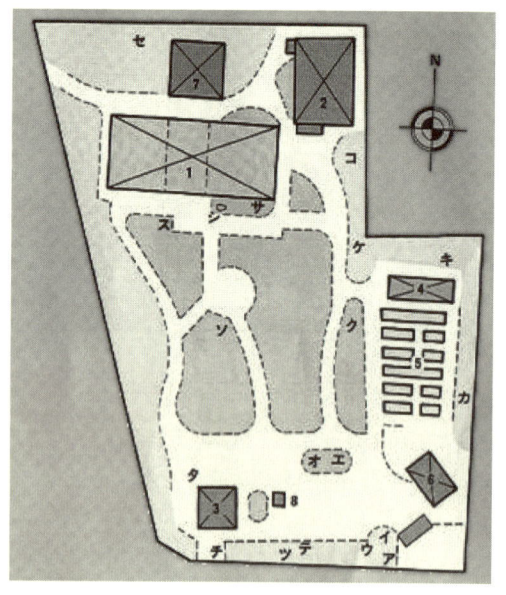

庭園内の地図

第6章　IBDP 数学の Workshop

＜3日目＞

Activity 6 のつづき

　分度器なしで15°の倍数の角を作る方法．単位円で，x 軸の [0, 1] を一辺にして正三角形を作り，次にy 軸の [0, 1] を一辺にして正三角形を作ると，30°，60° ができます．x 軸の [0, 1] と直線 $x=1$ の [0, 1] を結んで直角三角形を作り，45° を作ります．1 ラジアンの大きさの説明にも使えます．応用として，2円をうまく重ねると正三角形が作れます．

Activity 8 のつづき

Topic 2 Functions and equations

　方程式もグラフで考える．零点を考える．

Topic 4 Vectors

　オイラー線[3]を紹介する．相関係数は2つのベクトルのなす角の cos（余弦）であることを示す．

Topic 6 Calculus

　トイレットペーパーを切って，その重なりで説明する．

Activity 11

　前日の庭園でのアクティビティを発表しました．この課題は Mathematical exploration でも使えます．

D 班　花壇の周囲の長さと，面積を求めさせる．

C 班　y 軸に熱中症人数，x 軸にその原因のいろいろなデータをとり，相関を考える．などいろいろ（8個ぐらい）．

---

[3] 三角形の外心・重心・垂心を通る直線

[Activity 12]

グラフ電卓実習

　カシオのグラフ電卓が貸与され，マニュアルを見ずに直感で使ってみるよう指示されました．

・グラフの描画，接線の傾きなど

　講師はカシオの方が TI より使いやすいと主張していました．カシオの社員の説明では，シェアについて，アメリカでは TI が多く，ヨーロッパでは半々，アジアではカシオが多いとのことでした．IBDP Math の教科書に TI の画面が多いのは，TI の方が IB への働きかけが早かったからとのことでした．

[Activity 11 のつづき]

A 班　大木を支えるアーチを設計させる．
B 班　同じ地点を通らない道の行き方を考えさせる．
E 班　葉で光がさえぎられているのをヒントに，スポットライトで隙間なく光を照らす方法を考えさせる．

[Activity 13]

"Christmas Present"

　プレゼントをもらうとしたら何がほしいですかと聞かれます．これはこの研修で他に何が知りたいかという意味です．それを各班で話し合います．

① Order of Topics 学習内容の順序
②内部評価の具体例
③ DP Subject Outline
④グラフ電卓に適した学習単元
⑤各学期での成績の出し方，評価の仕方

第6章　IBDP 数学の Workshop

⑥ IBDP Math の定期的な勉強会
⑦ TOK

Activity 14

Activity 13 で出てきたことを実際に探求してくださいと言われました．
①日本のカリキュラム，IB のカリキュラムにそれぞれあるものないもの調査．
②内部評価を実際にしてみる．Criteria を和訳して理解し，各自で採点．評価を出し合い，妥当性を吟味．
③ Subject Outline 単元別テスト，累積テスト，全範囲テストを実施する案．
④グラフ電卓が有効に使える学習単元を考察する．
（筆者は②の班でしたが，採点に時間がかかったため Session 間の 30 分の休憩はなくなってしまいました）

Activity 15

Activity 14 を各班から報告．
① Mathematics SL と日本のカリキュラムの違い
- DP に入る前に既習とされていて，日本の数学ⅠA までに扱われていない内容　分数式　直線の平行・垂直
- MSL にあって日本の数学ⅡB までにない内容　合成関数（数Ⅲ）逆関数（数Ⅲ）　分数関数（数Ⅲ）　自然対数の底（数Ⅲ）自然対数（数Ⅲ）　数列の極限（数Ⅲ）　三角関数・指数対数関数の微分・積分（数Ⅲ）
- 日本の数学ⅡB までにあって MSL にない内容
  ＜数学Ⅱ＞　因数定理（HL）　剰余の定理（HL）　高次方程式

式と証明　複素数（HL）　解と係数の関係　円の方程式（HL）
軌跡と領域　加法定理（HL）　三角関数の合成
＜数学B＞　Σの公式（使い方は扱う）　漸化式（HL）　数学的帰納法（HL）　円のベクトル方程式

②内部評価を体験

　ある生徒の「算額パズルの探求」（前章参照）という作品を，前述のCriteriaに従って採点し，実際の評価と比較してみました．

研修の最後に贈られた言葉

Education is the kindling of a flame, not the filling of a vessel.

Socrates

教育とは，炎を燃え上がらせることであって，容器を満たすことではない．

ソクラテス

「知識を詰め込むのではなく，やる気を出させることが教育である」というような意味でしょう．IBの学習者像を常に意識した授業を考えていれば，自然にこのような授業が実践できることと思います．

第 6 章　IBDP 数学の Workshop

Certificate of Attendance

第7章

IBDP 数学の授業外の取組み

IB Art Works

7.1 数学コンテスト Math Contest

日本で数学のコンテストを探すと，数学オリンピックの他には都道府県・大学・塾・企業主催のものなどが見つかりますが，第1問から難問が出されるレベルの極端に高いものが多いので気軽に参加できません．数学検定は各級に合格することを目指すわけですから，コンテストとはいえません．海外では多くの人がそれぞれのレベルに合わせて参加できる，簡単な計算問題から始まるようなコンテストが多数あります．

■ CEMC Mathematics and Computing Contests

"Centre for Education in Mathematics and Computing (=CEMC)"は，カナダのウォータールー大学にあり，学年相応の問題をいろいろ用意して数学のコンテストを主催しています．その中に歴史上有名な数学者の名前が冠されたコンテストがあり，2月に Pascal（9年生），Cayley（10年生），Fermat（11年生），4月には Fryer（9年生），Galois（10年生），Hypatia（11年生），Euclid（12年生）などに多くの学校が参加しています．2月の3つが25問60分間で解答は五者択一，4月の始めの3つが4問75分間で記述式，最後の Euclid は10問2時間30分で記述式です．面白いのは，2月の五者択一の試験の場合，答えて不正解なら0点ですが，答えないのは5問までは各2点（多くても10点まで）を獲得できるということです．解けない問題をでたらめに答えさせないように工夫してあるわけです．そしてなんと最優秀者には賞金が贈られます．

第7章　IBDP 数学の授業外の取組み

■ ASMA Math Contest Series

"American Scholastic Mathematics Association（＝ASMA）"が，世界中の中高生対象の数学コンテストを定期的に実施しており，多数の学校（2014年度で約220校近く）が参加しています．コンテストは毎年10月から3月まで毎月1回（例えば第1木曜），合計6回行われます．各回の試験は，35分間で7問の数学の問題を解きます．出題範囲は日本の高2程度まで．グラフ電卓の使用が可能です．

各校成績上位8名分を送り，合計点によって順位付けされます．6回終わると，総合成績の良かった学校，生徒が表彰されます．1問あたり5分で解く問題ですから，そう難しいものではありませんが，35分以内で満点をとれる生徒はなかなかいません．5月にIBDPの修了試験がありますから，その基本を押さえるためのいい練習にもなっています．

■ SOIS Mathematics Contest

"SOIS"とは関西学院千里国際キャンパスの同一校舎内に共存する2校，関西学院千里国際中等部高等部（SIS）と関西学院大阪インターナショナルスクール（OIS）をまとめて呼ぶときの略称です．この後に述べる学校対抗の数学コンペの予選を兼ねて，2014年11月に当キャンパスで初めての数学コンテストを開催しました．出題はすべて英語で（電卓と電子辞書持ち込み可）で実施．両校から数学を得意とする8年生（中2）〜12年生（高3）13名が参加しましたが，最優秀賞を獲得したのは10年生（高1）の生徒でした．

7.2 数学コンペ Math Competition

多くのインターナショナルスクールでは，いくつかの学校でリーグを結成し，様々な交流をしています．スポーツや音楽の交流はよくありますが，中には数学のコンペもあります．学校対抗で，個人やグループ単位で数学の問題を解いて競い合います．各校から参加できる人数が決まっていて，希望者数が定員を上回ると，トライアウト（予選）が行われ，各校の代表が決まります．2日間ひたすら数学の問題を解いて闘うわけです．数学オリンピックのローカル版と言えるでしょうが，いくつかの学校が集まっての交流行事としては，日本ではあまり例を見ないものです．

2012年2月に関西学院千里国際キャンパスで開催された数学コンペを紹介しましょう．コリアインターナショナルスクール，ソウルインターナショナルスクール，横浜インターナショナルスクールを迎えて，関西学院大阪インターナショナルスクールと関西学院千里国際中等部高等部の合同チームが参加しました．

Friday, February 3 – Individual Challenge

09:00 – 10:45 Session 1 – Individual, multiple choice questions (calculator allowed)

13:00 – 16:15 Session 2 – Individual, free response questions (no calculator)

Saturday, February 4 – Team Challenge

09:00 – 10:15 Session 3 – Breakout free response questions

10:30 – 11:00 Session 4 – Team relay

11:15 – 12:15 Session 5 – Power Challenge

14:30 – 16:30 Mixed-team Engineering Contest

19:00 – Banquet, awards

第7章　IBDP数学の授業外の取組み

1日目　第1ラウンド　個人別　複数選択肢25問　75分間
　　　　第2ラウンド　個人別　15問　3時間
　　　　個人表彰
2日目　第3ラウンド　チーム（4名）別　10問　1時間
　　　　第4ラウンド　チーム内3名のリレー　3問
　　　　第5ラウンド　ベスト3チーム（3名）別　10問　30分
　　　　最終イベント　混合チーム　課題考察
　　　　チーム表彰

数学コンペの様子

　2013年にも横浜で開催されました．生徒は個人とチームで課題に取組みました．なかでも興味を引いたのは，近くの公園に行って，グループごとに，オブジェの体積，階段の高さ，タイルの面積などを測

定するというものです．紙と鉛筆だけの闘いではないということです．グループなので，お互いの強みと弱みを補完することができた経験でした．

おわりに

　2014年11月25日，関西学院大学西宮上ケ原キャンパスにて，関西学院千里国際高等部が，文部科学省委託「国際バカロレアの趣旨を踏まえた教育の推進に関する調査研究」事業に関する研究成果報告会を開催しました．

　文科省担当者の基調講演，校長と教務担当者からのIBプログラム導入経過とカリキュラム作成の報告，実際にIBを履修している生徒の事例報告，関西学院大学のIB資格取得者の入試対応報告と共に，筆者がIB数学に関しての報告をする機会がありましたので，これまでのまとめとして，その時の発表内容を紹介したいと思います．

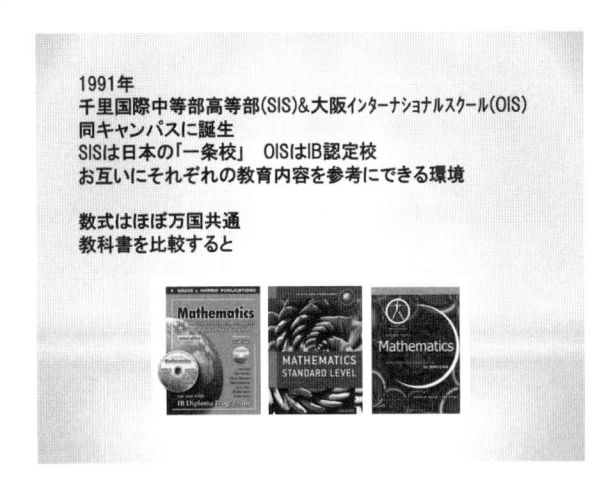

　千里国際中等部高等部（SIS）と大阪インターナショナルスクール（OIS）は同一敷地・校舎内にあり，共通の授業もあります．SISは日本の「一条校」，OISはIB認定校で，お互いにそれぞれの教育内容

を参考にできる環境にありますので，数学の教科書を比較するのも容易なことでした．

> ・Mathematical Studies ≒ 数学Ⅰ
> ・Mathematics SL ≒ 数学Ⅱ 数学B 数学Ⅲ
> ・Mathematics HL ≒ 数学Ⅱ 数学B 数学Ⅲ
> 共通の内容が多い→日本の科目に読み替え可能
>
> IB Mathの教科書 自然現象・社会現象の実例多数
> SISの授業で時々紹介
>
> ⬇
>
> 2007年開講
> SIS総合科目
> 国際バカロレア数学抜粋 (IB Math Extraction)
> IB Mathの教科書を使って日本語で授業

どちらも高校の教科書ですから，共通の内容が多いのは当たり前ですが，大きく異なる点は，自然現象や社会現象の実例が多数掲載されていることでした．これを紹介しようと一般の授業にも取り入れたうえ，さらに IBDP 数学を学ぶ総合科目を開講しました．

> 指数関数の例
> ・バクテリアの増加
> ・放射性物質や同位元素などの半減期
> ・ミネラルの化学変化に伴う量の変化
> ・機械の潰し値段 "scrap value"
> ・水晶の成長
> ・水の中を通過する光の量の減少
> ・絶滅が心配される動物の生息数
> ・滅亡の近い星の表面の温度
>
> 一次関数と指数関数の積の例
> ・病中の体温変化 ・価格需要関数 "demand function"
>
> ロジスティック曲線の例
> ・原生動物の生息数 ・樹木の成長

おわりに

例えば指数関数では，日本の教科書・問題集にはバクテリアの増加や放射性物質・同位元素の半減期などの問題がわずかに見つけられる程度ですが，IBDP 数学では他にも多くの例があり，日本の高校では学習しない関数も登場します．

```
対数関数の例

・地震の大きさ "Richter Scale"
・5～13才こどもの身長・体重の関係 "Ehrenberg Relation"
・星の明るさ等級
・試験後再試験 tヶ月後の平均点
・音の強さのレベル音量d(単位デシベル)
・製品の故障時間 "failure time"
・国の経済状態モデル化パレートの法則 "Pareto's Law"
・オゾン層の厚さ(単位cm)
```

対数関数でも，日本では，大きな数が何桁になるかという問題以外はほとんど実例がありません．IBDP 数学では応用例が豊富なので，理科や社会の学習にもなります．筆者も"Ehrenberg Relation"や"Pareto's Law"はここで初めて知りました．

191

> **グラフ電卓(GDC)**
>
> IB Math ではグラフ電卓を必要とする試験がある
> 教科書にもグラフ電卓の画面が多数登場
> 授業でも日常的にグラフ電卓を使用
> 使い方の習得に時間がかかる
> 生徒にも使い方を教えなければいけない
> 日本の普通の学校⇒グラフ電卓は大きな壁
>
> 1999年〜
> SIS全ての数学の授業で
> 生徒全員がグラフ電卓を
> 使う授業を実践

　IB Math の最終試験は2種類あって，一方はグラフ電卓が必要です．教科書でも当たり前のように，グラフ電卓の画面をもとに説明されています．しかし，使いこなすのは簡単ではありません．SIS ではすべての授業でグラフ電卓を効果的に利用する授業を実践してきました．

> **IB Mathの評価法**
>
> ・外部評価（筆記試験）80%
> グラフ電卓を使用する試験と使用しない試験
> Markscheme 採点基準
> Formula Booklet 公式集
>
> ・内部評価（課題）20%
> 各自が選んだテーマについて探求したものをレポート
> Mathematical Studies ⇒ "Project"
> Mathematics SL & HL ⇒ "Mathematical Exploration"
> Criteria 評価基準
> 各校で評価　その一部をIBが採点→適正化(Moderation)

おわりに

　IB Math の評価法には，外部評価（筆記試験＝80％）と内部評価（課題＝20％）があります．試験は，Formula Booklet という公式集を見てもかまいません．課題は，各自が選んだテーマについて探求したものをレポート作成します．

> **IB Math の特徴**
>
> ・学際的である（IB全体）
> ・7点満点の4点以上で合格（IB全体）
> ・グラフ電卓が必要である
> ・試験で公式集を見ることができる
> ・探求レポートが必須である
> ・高3まで数学が必修である

　学際的であることは IB 全体の特徴として言えますが，数学もこれまで見てきた通りです．また，合格ラインが高いということは，いい加減な学習では認められないということでしょう．試験で電卓を使ったり公式を見たりすることが可能であるということは，それだけ論理的思考を重視していると言えます．

> **今後の日本でのIB Mathの授業**
>
> ①英語の教科書を使用し英語で授業
> ②日本語の教科書を使用し日本語で授業
> ③英語の教科書を使用し日本語で授業
> （新たな選択肢）
>
> 生徒は日本語で授業を受けても英語で試験を受けることができるようになります！

　これまで英語ですべての授業を受けるということがネックだったわけですが，日本語でも授業を受けることが可能になってきました．しかし，もしバイリンガルを目指すとするなら，英語の教科書を読んで日本語で授業を受けるという選択肢があってもいいと思います．

　最後にもう一度 IBDP 数学の特徴をまとめてみましょう．

・**学際的であること**

　これが最も大きな特徴であると考えます．修得した知識・技術が，どのような場面で応用されているのかがよくわかるので，学習の動機づけに効果があります．自然現象や社会現象のモデル化を考察することによって，他の学問分野の学習もできます．同時に，さまざまな立場からの視点で物事を見ていく力がつきます．教科書には実用的な問題が多く掲載され，「知識の理論（TOK）」の授業では「数学とは何か」という話題から現代数学の話題まで，他の学問分野と関連付けながらじっくりと考察していきます．

・**グラフ電卓（GDC）が必要であること**

　これも大きな特徴ですが，日本ではネックでもあります．日本の大

学入試にグラフ電卓は必要ないので，普通の数学の授業でも必要ありません．しかし，実生活において計算結果，実験結果がすっきり割り切れるような数になることはほとんどありませんから，そのような題材を使った問題を解くにはグラフ電卓が威力を発揮します．もちろん，最近ではパソコンに限らずタブレット端末やスマートフォンでも同様のことができますが，IBDP数学の試験ではグラフ電卓のみが使用を認められています．今後，IB認定校になる学校の数学の教員は，グラフ電卓を自由に使いこなし，指導できるようになることが求められます．

・12年生（高3）まで数学が必修であること

　日本では必履修の「数学I」さえ単位修得すれば，あとはまったく数学を学習しなくても，高等学校を卒業できます．普通は高校1年で標準3単位×35週＝105時間ですが，2単位でも取得可能です．成績は5段階評価で2以上をとれば単位が取得できます．一方IBDPは11年生（高2）から少なくとも1年間は数学が必修です．内容も，最も基本的な"Mathematical Studies SL"（130時間）で，数と代数，集合・論理・確率，関数，幾何と三角法，統計，微分の基礎，数理ファイナンスまで学習します．成績は7段階の4以上でなければ修了が認められません．

　ただし，2012年から新設されたIBの4つ目のプログラムIBCCなら数学を選択しないこともできますが，国際バカロレア資格を取得することはできません．

　前述のように，2013年にIBと文科省が発表した，日英2ヵ国語によるIBDPの開発に関する共同プロジェクトにより，6科目のうち2科目は英語で，他の4科目は日本語で履修することができるようになりました．そして2014年には数学もその対象になりました．このプ

ロジェクトが，日本で IB 認定校を増やすための追い風になったと言えます．しかし，事実上海外で最も広く通用する英語で実施しないということは，文科省の目標のひとつであるグローバル人材の育成に寄与することができるのかと疑問視する向きもあると思います．

　繰り返し述べますが，数学は他の教科より英語で学習することが比較的容易です．
　①英語の教科書を使用して英語で授業をする
　②日本語の教科書を使用して日本語で授業をする
という方法の他に，
　③英語の教科書を使用して日本語で授業する
という方法を取り入れてみてはいかがでしょうか．私の経験から言えば，生徒は日本語で授業を受けても英語で試験を受けることができるようになります．すべてを①で実施するのが理想だと思いますが，②にするなら③の方が良いのではないかと思います．これを筆者からの提案とさせていただきます．

　数学は国や地域による学習内容の違いが比較的少ない教科なので，言語には違いがあっても，内容はだいたい同じものだと思っていました．しかし，実際に深く調べてみて，目指すべき目標，評価する観点，学習する内容，問題解決方法などに少なからず違いがあることが分かりました．これらの違いをしっかり理解したうえで，文科省の進める，日本の高校卒業資格と国際バカロレア資格とを同時に取得できる学校を大幅に増やすという施策を考えていくことが重要だと考えます．

2015 年 1 月
馬場博史

おわりに

< Reference >

・Mathematics Higher Level (Core) (For use with the International Baccalaureate Diploma Programme) IBID Press (2004/09)

・The International Baccalaureate
http://www.ibo.org/
Mathematical studies SL guide First examinations 2014
Mathematics SL guide First examinations 2014
Mathematics HL guide First examinations 2014
Further mathematics HL guide First examinations 2014
Mathematics SL formula booklet First examinations 2014
Mathematics HL and further mathematics HL formula booklet First examinations 2014

・文部科学省 国際バカロレアについて
http://www.mext.go.jp/a_menu/kokusai/ib/

<Photos>

IB Art Works by Kento Baba
Math Competition by Hiroshi Baba

付録 1　日本の高等学校学習指導要領数学

【2012年度からの日本の高等学校学習指導要領数学の概要】

＜必履修＞

数学Ⅰ　（標準3単位×35週＝105時間）

(1) 実数・平方根・集合　式の展開・因数分解　一次不等式

(2) 三角比　正弦定理・余弦定理

(3) 二次関数　二次方程式・二次不等式

(4) 統計　データの散らばり・相関

＜以下すべて選択＞

数学A　（標準2単位×35週＝70時間）以下の(1)～(3)から2つを選択

(1) 場合の数　順列・組合せ　確率

(2) 約数と倍数　ユークリッドの互除法　整数の性質の活用

(3) 平面図形 三角形の性質 円の性質 作図 空間図形

数学Ⅱ　（標準4単位×35週＝140時間）【以下すべて選択】

(1) 整式の乗法・除法，分数式　等式と不等式の証明　複素数と二次方程式　因数定理と高次方程式

(2) 直線と円 軌跡と領域

(3) 指数関数・対数関数

(4) 三角関数

(5) 三次関数までの微分・積分

数学B　（標準2単位×35週＝70時間）以下の(1)～(3)から2つを選択

(1) 確率変数と確率分布 二項分布 正規分布 母集団と標本 統計的推測

(2) 数列 漸化式 数学的帰納法

(3) 平面上のベクトル ベクトルの演算 ベクトルの内積 空間座標と

付　録

　　ベクトル

数学Ⅲ　（標準5単位×35週＝175時間）
(1) 二次曲線　媒介変数表示　極座標表示　複素数平面　ド・モアブルの定理
(2) 数列の極限　無限級数　関数の極限　分数関数と無理関数　合成関数と逆関数
(3) 微分法
(4) 積分法

数学活用　（標準2単位×35週＝70時間）
(1) 数量や図形と人間の活動や文化とのかかわり　数理的なゲームやパズル
(2) 社会生活における数理的な考察　数学的表現の工夫（図，表，行列及び離散グラフなど）　データの分析　データ収集，表計算ソフト

＜履修順について＞

　数学Ⅰ，数学Ⅱ，数学Ⅲはこの順に，数学Aは数学Ⅰと並行してあるいは数学Ⅰの後に，数学Bは数学Ⅰの後に履修することを原則とします．

＜数学A履修範囲＞

　数学Aは，3つの項目から2つを選択することになっていますが，多くの大学で，数学Aは全範囲を出題するという発表がされていますから，事実上，多くの高校で数学Aは全範囲を学習することになりそうです．

付録 2　IBDP Math Textbook の学習単元

【Mathematical Studies SL Syllabus】

Mathematical Studies SL Topics	Hours
Number and algebra 数と代数	20
Descriptive statistics 記述統計学	12
Logic, sets and probability 論理，集合，確率	20
Statistical applications 統計処理	17
Geometry and trigonometry 幾何と三角法	18
Mathematical models 数学的モデル	20
Introduction to differential calculus 微分の基礎	18
Project 研究	25
Total	150

【Mathematical Studies SL Textbook】Haese Mathematics

Mathematical Studies SL Textbook Topics	内容
01 NUMBER PROPERTIES	演算　素数　約数　倍数
02 MEASUREMENT	割合　換算　有効数字
03 SETS AND VENN DIAGRAMS	集合　ベン図
04 LAWS OF ALGEBRA	指数法則　分配法則　展開
05 EQUATIONS AND FORMULAE	一次方程式　連立方程式　分数方程式　指数方程式
06 PYTHAGORAS' THEOREM	三平方の定理
07 DESCRIPTIVE STATISTICS	度数分布ヒストグラムモード　メジアン　箱ヒゲ図　幹葉図　画線法　累積分布関数　標準偏差
08 COORDINATE GEOMETRY	中点　距離　直線の方程式
09 QUADRATIC ALGEBRA	因数分解　二次方程式
10 FUNCTIONS	関数　定義域　値域　写像　一次関数
11 PERIMETER, AREA AND VOLUME	度量衡　周長　面積　体積
12 QUADRATIC FUNCTIONS	二次関数
13 TRIGONOMETRY	三角比　正弦定理　余弦定理
14 SEQUENCES AND SERIES	数列とその和
15 FINANCIAL MATHEMATICS	単利法　複利法
16 PROBABILITY	確率
17 LOGIC	命題　真理表　論理積　論理和　仮定　結論　逆　裏　対偶
18 TRIGONOMETRIC FUNCTIONS	三角関数
19 EXPONENTIAL FUNCTIONS	指数関数
20 TWO VARIABLE STATISTICS	散布図 / 点相関図　積率相関係数　回帰直線　カイ二乗検定
21 DIFFERENTIAL CALCULUS	微分の基礎
22 APPLICATIONS OF DIFFERENTIAL CALCULUS	微分の応用
23 UNFAMILIAR FUNCTIONS	実モデル　最大最小　漸近線　交点
24 MISCELLANEOUS PROBLEMS	総合問題演習

付　録

【Mathematics SL Syllabus】

Math SL Topics	Hours
Algebra 代数	9
Functions and Equations 関数と方程式	24
Circular Functions and Trigonometry 三角関数	16
Vectors ベクトル	16
Statistics and Probability 統計と確率	35
Calculus 微分積分	40
<Mathematical Exploration> 数学の探求	10
Total	150

【Mathematics SL Textbook】 Haese Mathematics

01 QUADRATICS	二次方程式　二次関数
02 FUNCTIONS	無理関数　合成関数　逆関数
03 EXPONENTIALS	指数関数　ネイピア数
04 LOGARITHMS	対数関数　自然対数
05 TRANSFORMING FUNCTIONS	グラフの移動・拡大縮小　偶奇関数
06 SEQUENCES AND SERIES	数列　有限和　無限和
07 THE BINOMIAL EXPANSION	二項展開
08 THE UNIT CIRCLE AND RADIAN MEASURE	単位円　ラジアン
09 NON-RIGHT ANGLED TRIANGLE TRIGONOMETRY	三角比　正弦定理　余弦定理
10 TRIGONOMETRIC FUNCTIONS	三角関数
11 TRIGONOMETRIC EQUATIONS AND IDENTITIES	三角方程式　二倍角の公式
12 VECTORS	ベクトル　内積
13 VECTOR APPLICATIONS	ベクトルの応用
14 INTRODUCTION TO DIFFERENTIAL CALCULUS	微分の基礎　極限
15 RULES OF DIFFERENTIATION	微分公式
16 PROPERTIES OF CURVES	曲線の性質　接線　法線
17 APPLICATIONS OF DIFFERENTIAL CALCULUS	微分の応用
18 INTEGRATION	置換積分　部分積分
19 APPLICATIONS OF INTEGRATION	積分の応用　体積
20 DESCRIPTIVE STATISTICS	記述統計学　分散　標準偏差
21 LINEAR MODELLING	線形モデル
22 PROBABILITY	確率
23 DISCRETE RANDOM VARIABLES	離散確率変数　二項分布
24 THE NORMAL DISTRIBUTION	正規分布
25 MISCELLANEOUS QUESTIONS	総合問題演習

【Mathematics HL Syllabus】

Math HL Topics	Hours
<Core Topics>	
Algebra 代数	30
Functions and Equations 関数と方程式	22
Circular Functions and Trigonometry 三角関数	22
Vectors ベクトル	24
Statistics and Probability 統計と確率	36
Calculus 微分積分	48
<Optional Topics>（以下から1つを学校が選択）	48
Statistics and Probability 統計と確率	
Sets, Relations, and Groups 集合，関係，群	
Calculus 微分積分	
Discrete Mathematics 離散数学	
<Mathematical Exploration> 数学の探求	10
Total	240

【Mathematics HL (Core) Textbook】 Haese Mathematics

01 QUADRATICS	二次方程式　二次関数
02 FUNCTIONS	無理関数　合成関数　逆関数　不等式
03 EXPONENTIALS	指数関数　ネイピア数
04 LOGARITHMS	対数関数　自然対数
05 TRANSFORMING FUNCTIONS	グラフの移動・拡大縮小　偶奇関数
06 COMPLEX NUMBERS AND POLYNOMIALS	複素数　整式　判別式
07 SEQUENCES AND SERIES	数列　有限和　無限和
08 COUNTING AND THE BINOMIAL EXPANSION	場合の数　順列　組合せ　二項展開
09 MATHEMATICAL INDUCTION	漸化式　数学的帰納法
10 THE UNIT CIRCLE AND RADIAN MEASURE	単位円　ラジアン
11 NON-RIGHT ANGLED TRIANGLE TRIGONOMETRY	三角比　正弦定理　余弦定理
12 TRIGONOMETRIC FUNCTIONS	三角関数　割三角関数　逆三角関数
13 TRIGONOMETRIC EQUATIONS AND IDENTITIES	三角方程式　二倍角の公式　加法定理
14 VECTORS	ベクトル　内積　外積
15 VECTOR APPLICATION	ベクトルの応用
16 COMPLEX NUMBERS	複素数平面　ドモアブルの定理　オイラーの公式
17 INTRODUCTION TO DIFFERENTIAL CALCULUS	微分の基礎　極限
18 RULES OF DIFFERENTIATION	微分公式
19 PROPERTIES OF CURVES	曲線の性質　接線　法線
20 APPLICATIONS OF DIFFERENTIAL CALCULUS	微分の応用
21 INTEGRATION	置換積分　部分積分
22 APPLICATIONS OF INTEGRATION	積分の応用　体積
23 DESCRIPTIVE STATISTICS	記述統計学　分散　標準偏差
24 PROBABILITY	確率　ベイズの定理
25 DISCRETE RANDOM VARIABLES	離散確率変数　二項分布　ポアソン分布
26 CONTINUOUS RANDOM VARIABLES	連続確率変数　正規分布
27 MISCELLANEOUS QUESTIONS	総合問題演習

●著者紹介

馬場博史（ばば・ひろし）
1980年神戸大学理学部数学科卒．関西学院千里国際中等部高等部数学科教諭．併設の関西学院大阪インターナショナルスクール（国際バカロレア認定校）の数学教育を研究．2007年より選択科目「国際バカロレア数学抜粋」を開講．2014年 IB Diploma Mathematics SL & HL Category 1 Workshop 修了．2014年国際バカロレアの趣旨を踏まえた教育の推進に関する調査研究成果報告会発表．教科外ではトライアスロンクラブ顧問．近刊著書「小説ドラマ映画漫画アニメの中の数学」（関西学院大学出版会）．

国際バカロレアの数学

2016年3月15日　初版第1刷発行
2016年4月5日　初版第2刷発行

著　者　馬場博史
発行者　森　信久
発行所　株式会社　松柏社
　　　　〒102-0072　東京都千代田区飯田橋1-6-1
　　　　TEL　03(3230)4813（代表）
　　　　FAX　03(3230)4857
　　　　http://www.shohakusha.com
　　　　e-mail: info@shohakusha.com

装幀　常松靖史［TUNE］
組版・印刷・製本　倉敷印刷株式会社
ISBN978-4-7754-0231-3
Copyright ©2016 Hiroshi Baba

定価はカバーに表示してあります．
本書を無断で複写・複製することを固く禁じます．

JPCA 本書は日本出版著作権協会（JPCA）が委託管理する著作物です．
日本出版著作権協会　複写（コピー）・複製，その他著作物の利用については，事前にJPCA（電話03-3812-9424, e-mail:info@e-jpca.com）の許諾を得て下さい．なお，
http://www.e-jpca.com/　無断でコピー・スキャン・デジタル化等の複製をすることは著作権法上の例外を除き，著作権法違反となります．

◇松柏社の本◇

さらば詰め込み教育!!

グローバル化の時代を迎え、世界で通用する人材を育成するこの教育プログラムの理念を徹底解説。著者の体験から、なぜ今日本でこのプログラムが必要なのかを具体的に解き明かす。

IB教育がやってくる！
「国際バカロレア」が変える教育と日本の未来

江里口 歡人（えりぐち かんどう）［著］

●四六判●168頁●定価：本体1,500円+税
●ISBN978-4-7754-0210-8
http://www.shohakusha.com

◇松柏社の本◇

国際バカロレアではなぜ文学が必修科目なのか？

学力のみならず、知的に物事を考え、社会に貢献する力を養うという『全人教育』を教育目標として掲げる国際バカロレア（インターナショナルバカロレア）教育の内容と試験を紹介する。必修6科目中2科目の言語教育のうちの＜文学コース＞に焦点を当て徹底解説。

国際バカロレア
世界トップ教育への切符

田口 雅子 [著]

●四六判●211頁●定価：本体1,900円＋税
●ISBN978-4-7754-0123-1
http://www.shohakusha.com